高等职业教育

机 械 类 专 业 规划教材

MECHANICAL ENGINEERING

UG NX 6.0
三维建模实例教程

主编 王尚林
参编 张俊良
主审 王树勋

中国电力出版社

http://jc.cepp.com.cn

内 容 提 要

本教材以 Siemens PLM Software 公司的 UG NX 6.0 中文版为例,介绍了建模模块、装配模块和工程图模块三个基本模块的基本操作,内容涵盖了一般工程设计常用的功能。全书按照功能模块划分为 7 个学习情境,包括 UG NX 6.0 基础、基本体素建模、成形特征建模、曲面建模、建模综合实例、装配建模和工程制图,并安排了 1 个复杂零件实体、曲面混合建模实例。

本教材按照基于工作过程的课程观进行开发设计,将每一个学习情境设计为多个学习任务(实训)来讲授,使本课程具有高职课程的职业性、实践性以及开放性等特点。

本教材不仅可以作为高职高专的模具设计与制造、数控加工等专业的计算机辅助设计课程教材,而且也可作为社会上各种模具短训班以及相关专业技术人员的自学用书。

图书在版编目(CIP)数据

UG NX 6.0 三维建模实例教程/王尚林主编. —北京:中国电力出版社,2010.1

高等职业教育机械类专业规划教材

ISBN 978 - 7 - 5083 - 9947 - 8

Ⅰ. ①U… Ⅱ. ①王… Ⅲ. ①机械元件-计算机辅助设计-应用软件,UG NX 6.0-高等学校:技术学校-教材 Ⅳ. ①TH13-39

中国版本图书馆 CIP 数据核字(2009)第 241777 号

中国电力出版社出版、发行

(北京三里河路 6 号 100044 http://jc.cepp.com.cn)

北京市同江印刷厂印刷

各地新华书店经售

*

2010 年 6 月第一版 2010 年 6 月北京第一次印刷

787 毫米×1092 毫米 16 开本 17.25 印张 421 千字

定价 27.60 元

前　言

　　Unigraphics（简称 UG NX）软件起源于原美国麦道飞机公司，是当今世界上最先进和高度集成的 CAD/CAM/CAE 一体化高端软件之一，其功能覆盖了从概念设计到产品生产的全过程，广泛应用于航空航天、汽车、船舶、通用机械、电子等各行业的产品设计和制造领域。

　　利用 UG NX 软件，工程设计人员能够在第一时间设计并制造出完美的产品，从而缩短产品开发周期、降低成本，满足客户的需要。

　　UG NX 6.0 是 UG NX 系列软件的最新版本，在操作方面比前版本有了较大的改变，工作界面更简洁，操作更实用、高效。

　　本书的内容为 UG NX 6.0 的三维建模部分，不包括各种专业模块和高级模块，但内容已涵盖了一般工程设计常用的功能。主要内容有 UG NX 6.0 基础：包括界面介绍、文件操作、工具栏的定制、常用工具、模型显示控制、图层操作、坐标系操作等；基本体素建模：包括长方体、圆柱、圆锥、球的创建，布尔运算；成形特征建模：包括草图功能、拉伸、旋转、扫掠、孔、凸台、键槽等各种成形特征，倒圆角、倒角、特征镜像、阵列等，基准功能；曲面建模：包括扫掠、直纹/举升、网格等各种曲面，曲面修剪、圆角、过渡等编辑，曲面和实体的转换等；建模综合实例；装配建模：包括添加组件、组件配对、装配爆炸图、装配顺序和动画；工程制图：包括预设置、生成视图、剖视图、图样标注等。

　　本教材的电子教案放在中国电力出版社的网站上，网址是 http://jc.cepp.com.cn，它包含了所有实例的源文件以及所有学习情境的结果文件，可供读者下载练习使用。

　　本书可以作为高职、高专的工业设计、数控加工、模具设计与制造等专业 UG NX 课程的实训课程教材，也适合社会上相关专业人员自学 UG NX 软件用。学员可以通过学习与模仿，逐步达到举一反三、融会贯通的效果。

　　本书学习情境 1、4、5、6、7 由江门职业技术学院的王尚林编写，学习情境 2、3 由张俊良编写，王尚林负责统稿。江门职业技术学院的王树勋主审了本书。

　　由于编写时间仓促，本书难免有疏漏之处，有些方法也不一定是最简捷的，恳请广大读者批评指正。

编　者

2010 年 3 月

目 录

学习情境1

UG NX 6.0 基础

【本模块知识点】

用户界面、文件操作、定制工具栏、视图操作和模型显示、实用工具、图层操作、对象选择等。

本模块简要介绍 UG NX 6.0 的用户界面，并对常用的基本操作进行介绍，读者可先对本章内容进行简单地浏览，在以后的操作中遇到问题时再详细查阅本章的相关内容。

1.1 UG NX 6.0 的用户界面

在 Windows NT/2000/XP 等操作系统下，UG NX 6.0 采用与常见的微软应用软件类似的图形用户界面（Graphics User Interface，GUI），易于学习和掌握。在 Windows XP 操作系统下，运行 UG NX 6.0 软件，软件打开后其界面如图 1-1 所示，这是软件的初始界面。当选择新建文件或打开文件时，初始界面就变为一般工作状态下的用户界面，此时用户界面由标题栏、菜单栏、工具条、提示行、状态行、绘图区等组成，如图 1-2 所示。

1.1.1 标题栏

标题栏位于界面顶部，显示软件的版本号和当前的应用模块，还显示当前工作区的工作部件的名称和文件的修改状态。在设计零件时，显示零件和工作零件是一致的；在设计装配体时，它们可以不一致。

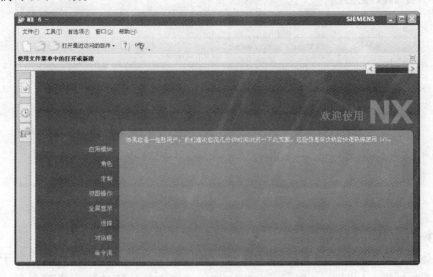

图 1-1　UG NX 6.0 初始界面

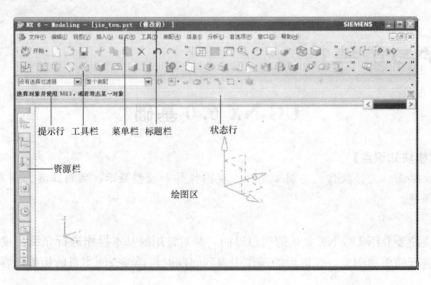

图 1-2　UG NX 6.0 用户界面

1.1.2　菜单栏

菜单栏配有菜单操作命令，通过菜单栏可以调用所有的命令，如图 1-3 所示。单击某个菜单项，则弹出该菜单的下拉菜单，某些下拉菜单选项右侧有一个三角形的子菜单指示符，表示有子菜单，将光标移至该菜单项时，会自动弹出其子菜单。某些菜单项右侧标有快捷键，利用快捷键可以快速执行该命令。

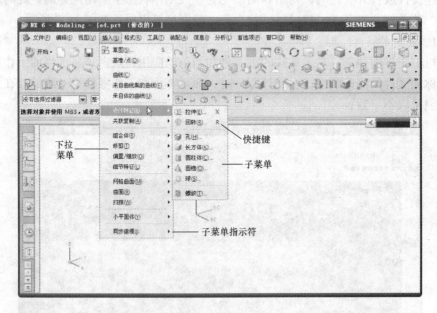

图 1-3　菜单结构

1.1.3　工具栏

菜单命令通常都有相应的工具栏命令，配有图标。一个命令为一个图标，若干个同类图标组成一个工具栏，如图 1-4 所示。利用工具栏可以方便快捷地执行所需命令。用鼠标拖动工具栏操作手柄，可将工具栏灵活移动到屏幕任何位置。将光标移动到工具栏操作手柄上稍作停留，则显示该工具栏的名称；将光标移动到工具栏图标上稍作停留，则显示该图标命令的名称和说明。

操作手柄

图1-4 工具栏

1.1.4 资源栏

资源栏包括装配导航器、部件导航器、重用库、网络浏览器、历史记录、系统材料等。单击资源栏的某个图标，则弹出该资源窗口，如图1-5所示。单击窗口左上角的图钉按钮 ，可将资源窗口固定显示或自动隐藏。

1.1.5 提示行

提示行的位置见图1-2。在操作过程中，每操作完一步，系统会提示下一步的操作内容，充分利用提示行，可以大大提高工作效率。

1.1.6 状态行

状态行的位置见图1-2。状态行用于显示当前操作状态或刚完成的操作结果。利用状态行的信息可以了解当前的操作状态以及操作结果是否正确。

图1-5 资源窗口

1.1.7 绘图区

绘图区是用户执行任务时交互操作的窗口，是模型被创建、显示和修改的地方。

1.2 UG NX 6.0的基本操作

本节主要介绍UG NX 6.0常用的基本操作，包括文件操作、定制工具栏、视图操作、模型显示控制以及常用工具等。

1.2.1 文件操作

1. 新建部件文件

在创建一个新的模型时，需要首先创建一个新的部件文件。操作步骤如下：

（1）在图1-1所示界面中，选择菜单命令"文件"→"新建"，或单击"标准"工具栏中的"新建" 按钮，弹出如图1-6所示"新建"对话框，该对话框共有4个选项页，分别是模型、图纸、仿真和加工，分别用于新建不同应用模块的文件。

（2）在"名称"右侧的输入框设定新部件的名称，文件名最多可以包含128个字符，但不能包含汉字。

（3）在"文件夹"右侧的输入框设定新部件保存的文件夹。文件夹名称不能包含汉字。

（4）单击"确定"按钮完成新部件的创建。

提示：需要特别注意，UG NX 6.0不支持中文文件名和路径。

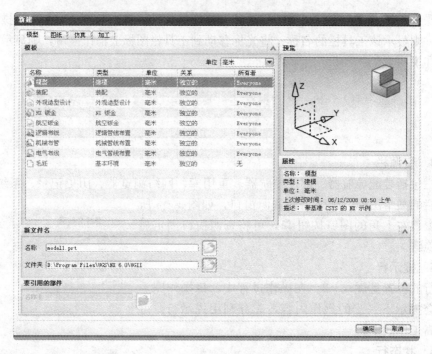

图 1-6　"新建"对话框

2. 打开已存文件

打开已存文件的操作步骤如下:

(1) 在图 1-1 所示界面中,选择菜单命令"文件"→"打开",或单击"标准"工具栏中的"打开" 按钮,弹出如图 1-7 所示"打开"对话框。

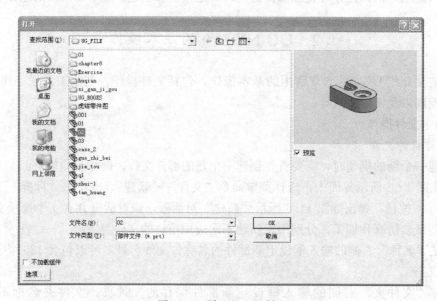

图 1-7　"打开"对话框

(2) 在"查找范围"下拉列表框中选择部件文件所在的文件夹,则该文件夹中的文件显示在下方的窗口中,在该窗口中选择需要打开的部件文件,此时在右侧预览窗口显示该部件的预览。

（3）确认选择正确后单击 OK 按钮关闭该对话框，打开部件文件。

3. 关闭文件

通过"文件"下拉菜单的"关闭"菜单项的子菜单，可以选择以下多种不同的文件关闭方式：

（1）选定的部件。该命令用于关闭被选择的部件文件。执行该命令后弹出如图 1-8 所示的"关闭部件"对话框，该对话框列出了所有已经打开的部件文件，选择某个文件后单击"确定"按钮，或双击要关闭的文件，则弹出如图 1-9 所示的"关闭文件"对话框，该对话框提示关闭之前是否保存文件。

图 1-8　"关闭部件"对话框　　　　　　　图 1-9　"关闭文件"对话框

（2）所有部件。关闭所有已打开的部件文件。

（3）保存并关闭。保存并关闭当前的部件文件。

（4）另存为并关闭。关闭并另外保存当前的部件文件。

（5）全部保存并关闭。保存并关闭所有被打开的部件文件。

（6）全部保存并退出。保存并关闭所有被打开的部件文件，并退出 NX 6.0。

（7）重新打开选定的部件。用磁盘上存储的文件更新选定的修改部件。

（8）重新打开所有已修改的部件。用磁盘上存储的文件更新所有的修改部件。

1.2.2　定制工具栏

利用工具栏可以方便快捷地执行各种操作，定制符合用户操作习惯的工具栏，可以大大提高工作效率。此外，菜单栏没有显示的一些命令也可以用工具条方便地调出来。

1. 工具栏的显示和隐藏

正常工作时，并不是所有的工具栏都显示出来，需要显示或隐藏某些工具栏时，可在用户界面的工具栏区域的任意位置右击，在弹出的快捷菜单中会列出当前应用模块可用的工具栏，已经显示的工具栏前有标记"√"。用鼠标单击某个选项可以显示或隐藏该工具栏。在不同的应用模块中，可用的工具栏不同。

2. 添加或删除工具栏按钮

对于某一工具栏，并不是所有的图标按钮都显示出来，用户可以增加或删除工具栏按钮。每一工具栏最右侧（或下端）都有一个箭头按钮，单击该箭头后在随后弹出的"添加或移除按钮"的子菜单中可以添加或删除某个工具栏的按钮，如图 1-10 所示。

3. 定制工具栏按钮的大小和工具栏的停靠位置

在工具栏上右击，在弹出的快捷菜单中选择"定制…"，或选择下拉菜单"工具"→"定制…"，弹出如图 1-11 所示"定制"对话框，利用该对话框可以设置菜单和工具栏的格式。

　　(1) 设置工具栏按钮的大小。在图 1-11 所示"定制"对话框中选择"选项"选项页，利用"工具条图标大小"和"菜单图标大小"两个选项组可以设置工具栏图标和菜单图标的大小，"选项"选项页如图 1-12 所示。

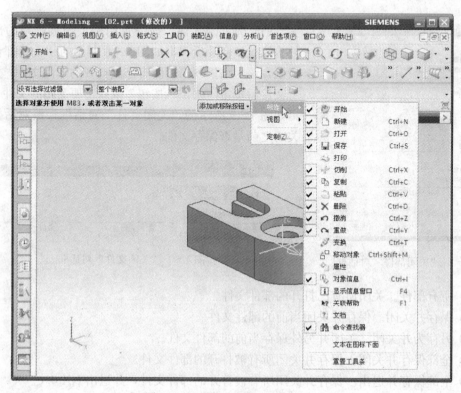

图 1-10　添加或删除工具栏按钮

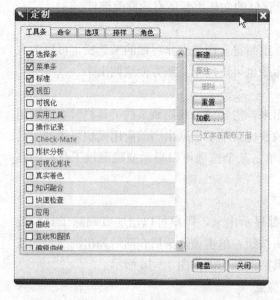

图 1-11　"定制"对话框

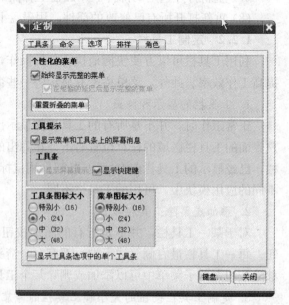

图 1-12　"选项"选项页

（2）设置提示行和状态行的位置。在图 1-10 所示"定制"对话框中选择"排样"选项页，如图 1-13 所示。"提示/状态位置"选项用来设置提示栏和状态栏的停靠位置，默认选项为"顶部"，即提示栏和状态栏位于用户界面的顶部。

（3）设置工具栏的停靠优先权。在图 1-10 所示"定制"对话框中选择"排样"选项页，"停靠优先级"选项用来设置工具栏停靠的优先权，默认选项为"水平"，即新显示的工具栏优先按照水平方式停靠。停靠优先权的修改只有在重新启动软件后才会生效。

1.2.3 视图操作和模型显示

在工作过程中，灵活地操作视图和调整模型的显示方式可使工作更加高效，利用"视图"下拉菜单中"操作"菜单的子菜单或"视图"工具栏可以实现对视图和模型的显示控制。"视图"工具条如图 1-14 所示。该工具条中常用图标的功能介绍如下。

图 1-13 "排样"选项页

图 1-14 "视图"工具条

"适合窗口"

系统自动拟合窗口大小。

"根据选择调整视图"

先选择要观察的对象，单击该图标，系统自动将选择的对象拟合到窗口显示。

"缩放"

选择该图标后，在绘图区拖动鼠标，会拉出一个矩形窗口，释放鼠标左键后，系统自动将矩形窗口放大到绘图区大小。

"放大/缩小"

选择该图标后，在绘图区上下拖动鼠标，可将视图进行动态缩放。该功能也可通过在绘图区滚动鼠标中键（滚轮）来实现。

"旋转"

选择该图标后，在绘图区向各个方向拖动鼠标，可用对视图进行旋转。该功能也可通过在绘图区按下鼠标中键（滚轮）并移动鼠标来实现。

"平移"

选择该图标后，在绘图区按下鼠标左键，向各个方向移动鼠标，可用对视图进行平移。该功能也可通过按下键盘的 Shift 键的同时在绘图区按下鼠标中键（滚轮）并移动鼠标来实现。

"透视"

选择该图标后，视图变为透视图。

▣·"显示模式"

单击该图标右侧小三角形按钮，可以将模型显示方式设置为带边着色、着色、线框显示、艺术外观、面分析、局部着色等不同显示模式。

✎·"视图方向"

单击该图标右侧小三角形按钮，显示 8 种可选择的视图方向，系统将所选的视图方向替换当前视图。

以上所有操作也可利用快捷菜单完成。在绘图区空白处右击，弹出快捷菜单如图 1-15 所示。在该菜单中选择相应选项也可以实现上述"视图"工具条中的功能。

1.2.4　常用工具

1. 点构造器

点构造器为用户在三维空间创建点对象和确定点的位置提供了标准的方式。点构造器一种情况是单独使用，用于创建点对象，另一种情况是在建模过程中使用，用于建立一个临时的点标记。选择菜单命令"插入"→"基准/点"→"点"，或单击"特征操作"工具栏中的"点"╈ 按钮，弹出"点"对话框，如图 1-16 所示。用户可通过以下三种方式之一指定点的位置：

（1）根据点的类型建立新点。在如图 1-16 所示"点"对话框的顶部"类型"选项下选择点的类型，如图 1-17 所示。当选择了点的类型后，再单击"点"对话框中的"点位置"下方的"选择对象"选项，然后在绘图区选择相应的特征或对象，系统根据选择的特征或对象自动确定点的位置。

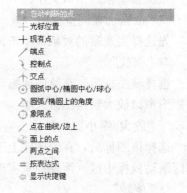

图 1-15　快捷菜单　　　图 1-16　"点"对话框（一）　　　图 1-17　点的类型

图 1-17 中点的类型说明如下。

▨ "自动判断的点"

系统根据鼠标所指的位置，自动判断点的类型。

▣ "光标位置"

直接在光标位置单击建立点。

╈ "现有点"

根据已经存在的点，在该点位置再创建一个点。

　　☑"端点"

指已经存在的直线、圆弧及样条曲线的端点。系统根据鼠标选择的位置，在靠近选择位置的端点处建立点。如果选择的特征是完整的圆，则端点为零象限点。

　　☑"控制点"

已经存在的点，可以是直线的中点和端点，二次曲线的端点，圆弧的中点、端点和圆心，样条曲线的端点和极点。

　　☑"交点"

指线与线的交点或线与面的交点。求交点时并不需要它们实际相交，系统会根据选择的特征自动求出交点。当交点不止1个时，系统会根据鼠标位置与交点的距离自动选择离鼠标位置较近的交点。

　　◎"圆弧中心/椭圆中心/球心"

系统在所选的圆弧、椭圆或球的中心建立点。圆弧、椭圆、球可以是完整的，也可以是一部分。

　　☑"圆弧/椭圆上的角度"

选择该方式时，在绘图区选择圆弧或椭圆，"点"对话框变为如图1-18所示，在该对话框中输入建立点与起始点之间的角度。起始点为圆或椭圆的零象限点，角度取值范围为0°～360°。

　　◉"象限点"

根据鼠标选择的对象，建立圆或椭圆的象限点。

　　☑"点在曲线/边上"

选择该方式时，在绘图区选择直线、曲线等特征后，"点"对话框变为如图1-19所示，在该对话框中设定"U向参数"的值，即可在选择的特征上建立点。"U向参数"的值表示该点到起始点的距离与所选特征的长度的比值。对于直线和圆弧，起始点为最初创建该特征的起始点。对于完整的圆和椭圆，起始点为圆和椭圆的零象限点。"U向参数"的取值范围为实数。

图1-18　"点"对话框（二）

图1-19　"点"对话框（三）

　　◻ "面上的点"

　　选择该方式时，在绘图区选择曲面特征后，"点"对话框变为如图 1-20 所示，在该对话框中设定"U 向参数"和"V 向参数"的值，即可在曲面上建立点。"U 向参数"和"V 向参数"的意义是：当选择要创建点的曲面后，系统会在该曲面上建立一个 U—V 坐标系，而"U 向参数"和"V 向参数"的值，表示新建立的点在 U 和 V 方向上的长度的比值。"U 向参数"和"V 向参数"的取值范围为实数。

　　◻ "两点之间"

　　选择该方式时，在绘图区选择两个点后，"点"对话框变为如图 1-21 所示，在该对话框中设定"％位置"的值，即可在选择的两个点之间建立点。"％位置"的值表示新建立的点到第一个点的距离与选择的两个点之间距离的比值（百分比）。

图 1-20　"点"对话框（四）　　　　图 1-21　"点"对话框（五）

　　（2）在图 1-16 所示对话框的"坐标"下方 XC、YC、ZC 文本框中直接输入点的 X、Y、Z 坐标，建立新点。

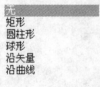

图 1-22　偏置选项

　　（3）用偏置的方法建立新点。根据已经存在的点，定义其偏置值建立新的点，偏置的方法有以下几种，如图 1-22 所示。

　　1）矩形（直角坐标系）的偏置方法。矩形偏置方法是通过指定直角坐标系中 X、Y、Z 三个坐标轴方向的增量来建立新点。单击图 1-16 所示的"点"对话框中"偏置"下拉列表框，选择"矩形"，并在绘图区选择已经存在的参考点，"点"对话框变为如图 1-23 所示。"偏置"选项下方显示 X、Y、Z 坐标增量输入框，分别指定沿三个坐标方向的偏置值，"坐标"选项下方的 X、Y、Z 坐标输入框用来指定参考点的坐标，参考点也可以在绘图区直接捕捉。单击对话框的"确定"按钮即可建立新的偏置点。矩形偏置法示意图如图 1-24 所示。

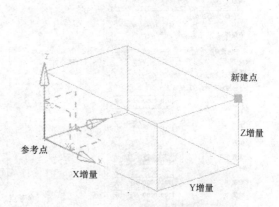

图 1-23　"点"对话框（六）　　　　　　　图 1-24　矩形偏置法示意图

2）圆柱形（柱面坐标系）的偏置方法。圆柱形偏置方法是通过指定柱面坐标系中半径、角度、Z 三个方向的坐标值来建立新点。单击图 1-16 所示的"点"对话框中"偏置"下拉列表框，选择"圆柱形"，并在绘图区选择已经存在的参考点，"点"对话框变为如图 1-25 所示。"偏置"选项下方显示"半径"、"角度"、"Z 增量"输入框，分别指定沿三个方向的偏置值，"坐标"选项下方的 X、Y、Z 坐标输入框用来指定参考点的坐标，参考点也可以在绘图区直接捕捉。单击对话框的"确定"按钮即可建立新的偏置点。圆柱形偏置法如图 1-26 所示。

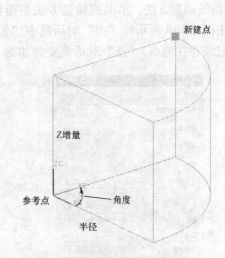

图 1-25　"点"对话框（七）　　　　　　　图 1-26　圆柱形偏置法示意图

3）球形（球面坐标系）的偏置方法。球形偏置方法是通过指定球面坐标系中半径、角度 1、角度 2 三个参数来建立新点。单击图 1-16 所示的"点"对话框中"偏置"下拉列表框，选择"球形"，并在绘图区选择已经存在的点，"点"对话框变为如图 1-27 所示。"偏置"选项下方显示"半径"、"角度 1"、"角度 2"输入框，分别指定沿三个方向的偏置值，"坐标"选项下方的 X、Y、Z 坐标输入框用来指定参考点的坐标，参考点也可以在绘图区直接捕捉。单击对话框的"确定"按钮即可建立新的偏置点。球形偏置法如图 1-28 所示。

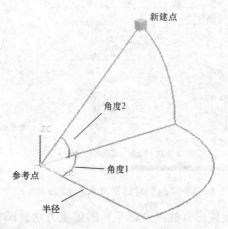

图 1-27 "点"对话框（八）　　　　图 1-28 球形偏置法示意图

4）沿矢量偏置方法。沿矢量偏置方法是指将参考点沿指定矢量方向偏置一定距离来建立新点。单击图 1-16 所示的"点"对话框中"偏置"下拉列表框，选择"沿矢量"，并在绘图区选择已经存在的点，"点"对话框变为如图 1-29 所示。"偏置"选项下方显示"选择直线"选项和"距离"输入框，选择直线，输入偏置距离后，单击对话框的"确定"按钮即可建立新的偏置点。

5）沿曲线偏置方法。沿曲线偏置方法是指将参考点沿选定的曲线偏置一定距离来建立新点。单击图 1-16 所示的"点"对话框中"偏置"下拉列表框，选择"沿曲线"，并在绘图区选择已经存在的点，"点"对话框变为如图 1-30 所示。"偏置"选项下方显示"选择曲

图 1-29 "点"对话框（九）　　　　图 1-30 "点"对话框（十）

线"选项和"圆弧长"输入框，选择曲线，输入偏置距离后，单击对话框的"确定"按钮即可建立新的偏置点。偏置距离可以是圆弧长度，也可以是曲线的百分比。

2. 矢量构造器

在 UG NX 6.0 使用过程中，经常需要指定矢量，这时会弹出如图 1-31 所示的"矢量"对话框。不能单独使用矢量构造器建立一个矢量，而是在建模过程中根据需要弹出"矢量"对话框，实现对特征或对象的定向。矢量的构建可通过先在"类型"选项下选择矢量的类型，如图 1-32 所示，并单击"选择对象"按钮后选择相应的对象来实现。

图 1-31　"矢量"对话框（一）

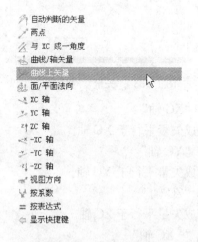

图 1-32　矢量的类型

矢量类型的意义如下。

"自动判断的矢量"

系统根据鼠标选择的对象自动推断构成矢量，如直线的方向矢量、曲线的法向矢量。

"两点"

系统根据指定的两个点构成矢量，矢量方向为从第一点到第二点。

"与 XC 成一角度"

选择该矢量类型后，"矢量"对话框变为图 1-33 所示。在对话框中部出现"角度"输入框，在该输入框输入矢量和 XC 方向的夹角，构建新的矢量。

"曲线/轴矢量"

通过选择曲线或轴构成矢量。如果选择的是直线，则定义的矢量方向为选择点到距离最近的端点的方向；如果选择的是圆弧，则定义的矢量方向为圆弧所在平面的法向，并且通过圆心。

"曲线上矢量"

选择该选项，再选择一条曲线，则"矢量"对话框变为图 1-34 所示，构成矢量为曲线上在选择点处的切线方向。可通过在"曲线上的位置"下方调节点的位置来调整矢量。

"面/平面法向"

构成矢量为面或平面的法向，或为圆柱面的轴向矢量。

图 1-33 "矢量"对话框（二）

图 1-34 "矢量"对话框（三）

"XC 轴"

构成矢量平行于 XC 轴。

"YC 轴"

构成矢量平行于 YC 轴。

"ZC 轴"

构成矢量平行于 ZC 轴。

"- XC 轴"

构成矢量平行于- XC 轴。

"- YC 轴"

构成矢量平行于- YC 轴。

"- ZC 轴"

构成矢量平行于- ZC 轴。

"视图方向"

构成矢量方向垂直当前屏幕，方向为离开屏幕。

图 1-35 "矢量"对话框（四）

"按系数"

选择该矢量类型时，"矢量"对话框变为图 1-35 所示，在对话框中部出现"系数"输入框，可输入直角坐标系下矢量在 X、Y、Z 方向的分量 I、J、K 来构建矢量；或者单击"系数"下方的"球坐标系"选项，则对话框变为图 1-36 所示，此时可输入矢量在球坐标下的 Phi 参数和 Theta 参数来构建矢量。其中 Phi 参数为矢量与 ZC 轴的夹角，Theta 参数为矢量在 XC-YC 平面上的投影与 XC 轴的夹角。

"按表达式"

选择该矢量类型时，"矢量"对话框变为图 1-37 所示，在对话框中部出现"选择表达式"输入框，可通过表达式来构建矢量。

图 1-36　"矢量"对话框（五）

图 1-37　"矢量"对话框（六）

3. CSYS 构造器

CSYS 构造器用于创建新的坐标系。单击"实用工具"工具栏中的"CSYS 方向"　按钮，弹出"CSYS"对话框，如图 1-38 所示。用户可通过在"类型"选项下选择 CSYS 的类型创建新的坐标系。"类型"选项如图 1-39 所示，各种类型的意义如下：

图 1-38　"CSYS"对话框（一）

图 1-39　CSYS 的类型

"动态"

根据鼠标在屏幕上点取的位置，在该位置新建坐标系，坐标轴方向和参考坐标系方向相同。

"自动判断"

系统根据选择对象的不同，自动选择以下建立坐标系的方法中的任意一种，自动建立坐标系。

"原点，X 点，Y 点"

选择该类型后，"CSYS"对话框变为图 1-40 所示，分别指定原点、X 轴点和 Y 轴点，则利用该三点来构建坐标系。

　　📧 "X 轴，Y 轴"

　　选择该类型后，"CSYS" 对话框变为图 1 - 41 所示，分别指定 X 轴矢量和 Y 轴矢量，以两个矢量的交点作为新坐标系的原点，按右手定则确定 Y 轴和 Z 轴。

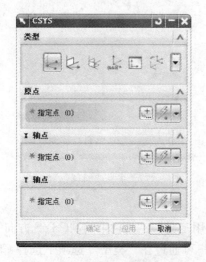

图 1 - 40　"CSYS" 对话框（二）

图 1 - 41　"CSYS" 对话框（三）

　　📧 "X 轴，Y 轴，原点"

　　选择该类型后，"CSYS" 对话框变为图 1 - 42 所示，分别指定原点、X 轴矢量和 Y 轴矢量，X 轴平行于 X 轴矢量，按右手定则确定 Y 轴和 Z 轴。

　　📧 "Z 轴，X 轴，原点"

　　选择该类型后，"CSYS" 对话框变为图 1 - 43 所示，分别指定原点、Z 轴矢量和 X 轴矢量来构建新坐标系。

图 1 - 42　"CSYS" 对话框（四）

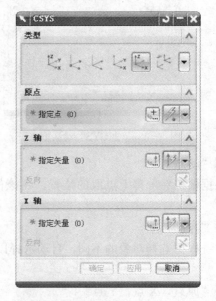

图 1 - 43　"CSYS" 对话框（五）

"Z 轴，Y 轴，原点"

选择该类型后，"CSYS" 对话框变为图 1－44 所示，分别指定原点、Z 轴矢量和 Y 轴矢量来构建新坐标系。

"Z 轴，X 点"

选择该类型后，"CSYS" 对话框变为图 1－45 所示，指定 Z 轴矢量和 X 轴上的点，Y 轴按右手定则确定。

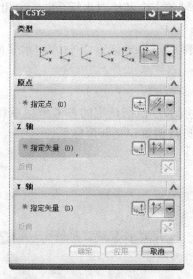

图 1－44　"CSYS" 对话框（六）

图 1－45　"CSYS" 对话框（七）

"对象的 CSYS"

选择该类型后，"CSYS" 对话框变为图 1－46 所示，选择参考对象后，根据选择的对象定义新坐标系，XY 平面为参考对象所在的平面。

"点，垂直于曲线"

选择该类型后，"CSYS" 对话框变为图 1－47 所示，通过指定的点与曲线正交来定义新坐标系。

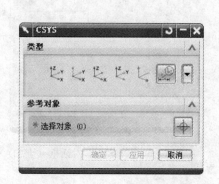

图 1－46　"CSYS" 对话框（八）

图 1－47　"CSYS" 对话框（九）

"平面和矢量"

选择该类型后，"CSYS" 对话框变为图 1－48 所示，根据指定的平面对象和矢量定义新坐标系，以平面的法向为 X 轴方向，以矢量在平面上的投影方向为 Y 轴方向，以指定矢量与平面的交点为坐标系的原点。

"三平面"

选择该类型后，"CSYS"对话框变为图 1-49 所示，根据指定的三个平面定义坐标系，以三个平面的交点为坐标系原点，以每个面的法向为该方向坐标轴。

"绝对 CSYS"

在绝对坐标为（0，0，0）处定义坐标系，坐标轴的方向和绝对坐标系的方向相同。

"当前视图的 CSYS"

根据当前的视图定义坐标系，坐标系原点为视图原点，坐标系 X 轴方向水平向右，Y 轴方向垂直向上，Z 轴垂直离开屏幕。

"偏置 CSYS"

选择该类型后，"CSYS"对话框变为图 1-50 所示，根据指定的参考坐标系和输入的 X、Y、Z 轴方向的增量以及旋转角度对参考坐标系进行偏置定义新坐标系。

图 1-48 "CSYS"对话框（十）

图 1-49 "CSYS"对话框（十一）

图 1-50 "CSYS"对话框（十二）

4. 基准平面

基准平面工具用于创建新的基准平面、参考平面或切割平面。单击"特征操作"工具栏中的"基准平面" ⬚ 按钮，弹出"基准平面"对话框，如图 1-51 所示。用户可通过在

"类型"选项下选择基准平面的类型,并单击"选择对象"按钮后选择相应的对象来创建新的基准平面。基准平面的类型如图 1-52 所示,各种类型的意义如下。

图 1-51　"基准平面"对话框(一)　　　　图 1-52　基准平面的类型

　"自动判断"

系统根据选择的对象自动判断,构建基准平面。

　"成一角度"

选择该类型后,"基准平面"对话框变为图 1-53 所示,指定参考平面和直线,则创建一个通过该直线,和参考平面成一定角度的新基准平面。

　"按某一距离"

选择该类型后,"基准平面"对话框变为图 1-54 所示,指定参考平面,则创建一个和参考平面平行,距离为设定值的新基准平面。

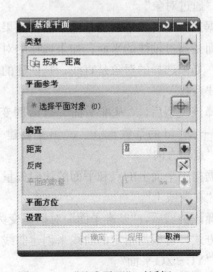

图 1-53　"基准平面"对话框(二)　　　　图 1-54　"基准平面"对话框(三)

"平分"

选择该类型后,"基准平面"对话框变为图1-55所示,指定两个平面,则创建和这两个平面距离相等的平行面为新基准平面。

"曲线和点"

根据指定的曲线和点建立基准面,该基准面通过指定点并垂直于指定曲线。

"两直线"

根据指定的两条直线建立基准面,当两条直线共面时,基准面包含两条直线,当两条直线异面时,基准面通过第一条直线,和第二条直线平行。

"相切"

选择该类型后,"基准平面"对话框变为图1-56所示,在"相切子类型"下方还有具体的相切方式,该类型可创建和指定的圆柱面、圆锥面或球面相切并通过指定点或直线的基准平面。

图1-55 "基准平面"对话框(四)　　　图1-56 "基准平面"对话框(五)

"通过对象"

根据选择的对象来创建基准平面。如果选择的对象是圆柱面、圆锥面或球面,则创建的基准平面是通过轴线的平面;如果选择的对象是圆弧或曲线,则创建的基准平面是曲线所在的平面;如果选择的对象是直线,则创建的基准平面是靠近直线点取位置的法面。

"系数"

选择该类型后,"基准平面"对话框变为图1-57所示,在该对话框中输入平面方程$aX+bY+cZ=d$的系数a、b、c、d来创建平面。

"点和方向"

根据指定平面上的点和平面的法向矢量来创建基准平面。

"在曲线上"

选择该类型后,"基准平面"对话框变为图1-58所示,在"曲线上的方位"下方还有具体的方式,可根据指定的曲线来创建曲线上某处的法平面或切平面。

"YC-ZC平面"

创建和当前坐标系的YC-ZC平面成一定距离的平行平面。

图 1-57 "基准平面"对话框（六）

图 1-58 "基准平面"对话框（七）

"XC-ZC 平面"

创建和当前坐标系的 XC-ZC 平面成一定距离的平行平面。

"XC-YC 平面"

创建和当前坐标系的 XC-YC 平面成一定距离的平行平面。

"视图平面"

以当前的屏幕创建基准平面，创建的基准平面通过坐标系原点。

5. 类选择

当选择"编辑"菜单下的"删除"、"隐藏"、"变换"、"对象显示"、"属性"以及选择"信息"菜单下的"对象"等选项时，都会弹出如图 1-59 所示的"类选择"对话框。在"类选择"对话框中有各种过滤器，可用通过各种过滤方式和选择方式快速选择对象，然后对对象进行操作。类选择的方式如下所述。

（1）对象选项。可以直接用鼠标选择对象，对象选项下有三个选项，分别是选择对象、全选和反向选择。

（2）其他选择方法。该选项下可输入对象名称来选择对象。

（3）过滤器。可利用各种过滤器选择对象。

1）"类型过滤器"：通过指定对象的类型来选择对象，如图 1-60 所示。

2）"图层过滤器"：通过指定对象的图层来选择对象，如图 1-61 所示。

3）"颜色过滤器"：通过指定对象的颜色来选择对象，如图 1-62 所示。

4）"属性过滤器"：通过指定对象的属性来选择对象，如图 1-63 所示。

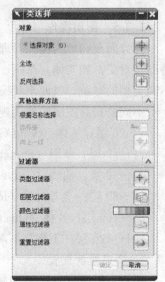

图 1-59 "类选择"对话框

图 1-60　类型过滤器

图 1-61　图层过滤器

图 1-62　颜色过滤器

图 1-63　属性过滤器

1.2.5　图层操作

充分而正确地利用和管理图层是规范建模的重要环节。创建模型时需要用到多种类型的特征和对象，如实体、草图、曲线、参考对象等。在建模过程中，应当在不同的图层上创建不同类型的对象，以便于对模型的编辑、显示等控制。

不同公司对图层的使用规定不同，UGS 公司对图层的分类如下：

1～20 层：实体（Solid Geometry）。

21～40 层：草图（Sketch Geometry）。

41～60 层：曲线（Curve Geometry）。

61～80 层：参考对象（Reference Geometries）。

81～100 层：片体（sheet Bodies）。

101～120 层：工程制图对象（Drafting Objects）。

1. 图层组的设置

用户可以按自身需要创建新的图层组。选择菜单命令"格式"→"图层类别"，或单击"实用工具"工具栏中的"图层类别" 按钮，弹出"图层类别"对话框，如图 1-64 所示。

（1）新建图层组。新建图层组的步骤如下：

1）在图 1-64 所示的"类别"下方文本框中，输入新建图层组的名称。为图层组命名时，应尽量选择具有特定意义的名称。

2）在"描述"下方文本框中输入对该图层组的描述。描述信息为可选项，可设置也可不设置。

3）单击"创建/编辑"按钮，则对话框变为如图 1-65 所示，在该对话框中选择图层组要包括的层（可利用 Ctrl 键和 Shift 键进行多项选择），单击"添加"按钮，然后单击"确定"按钮完成新的图层组的创建。

图 1-64　"图层类别"对话框

图 1-65　"图层类别"对话框

（2）编辑图层组。如图 1-64 所示，该对话框还可对已经存在的图层组进行编辑和删除。

1）在图 1-64 所示的列表框中选择存在的图层组，单击"删除"按钮即可将其删除。

2）在图 1-64 所示的列表框中选择存在的图层组，在"类别"文本框中，输入新图层组的名称，然后单击"重命名"按钮可用修改选择的图层组的名称。

3）在图 1-64 所示的列表框中选择存在的图层组，在"描述"文本框中，输入对该图层组的新的描述，然后单击"加入描述"按钮，系统将用新的描述代替图层组原来的描述。

4）在图 1-64 所示的列表框中选择存在的图层组，单击"创建/编辑"按钮，对话框变为如图 1-65 所示，在该对话框中的图层列表框中选择要包括的层数或要删除的层数，然后单击"添加"或"移除"按钮，完成对图层组所包括层数的修改。

2. 图层的设置

选择下拉菜单"格式"→"图层设置"，或单击"实用工具"工具栏中的"图层设置" 按钮，弹出"图层设置"对话框，如图 1-66 所示。在该对话框中可以对图层进行设置、查询图层的信息及对图层进行编辑。

（1）图层的选择。选择图层的方法如下：

图 1-66 "图层设置"对话框

1）在"图层"选项下方的列表框中选择要进行设置的图层，可用 Ctrl 键和 Shift 键进行多项选择。

2）在"图层"选项下方的"Select Layer By Range/Category"右侧输入框中输入图层范围或图层组类别后按 Enter 键，则选中相应的图层。

（2）图层的状态设置。图层的状态有 4 种，分别为"设为可选"、"设为工作图层"、"设为仅可见"和"设为不可见"。在"图层"选项下方的列表框中选择要进行设置的图层，然后单击上述按钮，即可将图层设置为相应状态。

（3）图层组的信息。在图 1-66 所示图层列表框中选中图层后，单击"图层控制"下方的信息按钮，则弹出图 1-67 所示的图层信息窗口显示图层的信息。

图 1-67 图层信息

3. 移动或复制到层

（1）选择菜单命令"格式"→"移动至图层"或"格式"→"复制至图层"，系统首先弹出如图 1-59 所示的"类选择"对话框，利用"类选择"对话框选择要移动或复制的对象。

（2）选择要移动或复制的对象后，系统弹出图 1-68 所示的"图层移动"对话框或图 1-69 所示的"图层复制"对话框，在该对话框中选择要移动或复制操作的目标层，然后单击"确定"按钮完成对象在图层之间的移动或复制。

1.2.6 坐标系操作

选择菜单命令"格式"→"WCS"，弹出如图 1-70 所示的子菜单。选择该子菜单中的选项，可以进行坐标原点位置和坐标轴方位的变换。

1. 改变坐标系原点

选择菜单命令"格式"→"WCS"→"原点"，弹出"点"对话框，系统提示指出新的 WCS 原点，利用"点"对话框选择或建立点，坐标系的原点将移动到该点，但坐标轴的方位不变。

2. 动态坐标系

选择菜单命令"格式"→"WCS"→"动态"，则在绘图区显示如图 1-71 所示的动态坐标系，利用该坐标系上的控标可以动态设置坐标系。

图 1-68　"图层移动"对话框

图 1-69　"图层复制"对话框

图 1-70　"WCS"子菜单

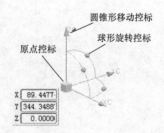

图 1-71　动态坐标系

（1）选择坐标轴上的圆锥形移动控标，坐标系将沿该坐标轴方向动态移动。

（2）选择方形的原点控标，可以向任意方向移动坐标系的原点。

（3）选择球形的旋转控标，坐标系将绕所选旋转控标对应的坐标轴旋转。

3. 旋转坐标系

选择菜单命令"格式"→"WCS"→"旋转"，或单击"实用工具"工具栏中的"旋转WCS" 图标，弹出如图 1-72 所示的"旋转 WCS 绕…"对话框，利用该对话框，可用将当前的坐标系绕某一轴旋转一定角度后创建新的坐标系。

4. 定向坐标系

选择菜单命令"格式"→"WCS"→"定向"，弹出如图 1-73 所示的"CSYS"对话框，该对话框的功能已在 1.2.4 节作了详细介绍。

图 1-72 "旋转 WCS 绕…"对话框   图 1-73 "CSYS"对话框

5. 改变坐标轴方向

选择菜单命令"格式"→"WCS"→"更改 XC 方向"或"格式"→"WCS"→"更改 YC 方向",弹出"点"对话框,利用该对话框选择点,系统以原坐标系的原点和该点在 XC-YC 平面上的投影点的连线方向作为新坐标系的 XC 方向或 YC 方向,而原坐标系的 ZC 轴保持不变。

学习情境2

基 本 体 素 建 模

【本模块知识点】

基本体素特征建模：圆柱体、长方体、圆锥体、球体特征的创建。

布尔运算：通过对实体进行布尔"交"、"并"、"差"运算，从而构建新的实体。

UG NX 6.0实体建模中的体素特征主要包括长方体、圆柱体、圆锥体和球体创建。这些特征实体都具有比较简单的特征形状，通常通过设置几个简单的参数就可以创建，另外基本体素特征常常作为第一个特征出现，因此在进行实体建模时首先需要掌握基本体素特征的创建方法。

2.1 任务1：平垫圈建模

垫圈是机械工程中常用的标准件，运用基本体素建模方法创建如图2-1所示的平垫圈。

2.1.1 垫圈造型分析

垫圈外部形状和内孔属于圆柱体特征，在建模过程中可以通过创建圆柱体并运用布尔运算来创建垫圈。

2.1.2 垫圈外部结构创建

启动 UG NX 6.0 软件，在软件初始界面单击左上角的"新建" 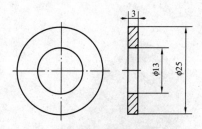 按钮，在弹出的"新建"对话框中选择新

图2-1 平垫圈

建模型，在"新文件名"下方的"名称"输入框输入"dian_quan"，在"文件夹"输入框输入"F:\UG_FILE \ "，单击"确定"按钮关闭对话框，则新建一个模型文件。

选择菜单命令"插入"→"设计特征"→"圆柱体"，或者用鼠标单击"特征"工具栏中的"圆柱" 图标，系统弹出图2-2所示的"圆柱"对话框，在对话框中设置"类型"选项为"轴、直径和高度"，在尺寸选项中设置"直径"为"25"、"高度"为"3"，在"指定矢量"选项中，通过单击右侧下拉箭头选择 Y 轴正方向 ，在"指定点"选项中，单击图标 ，系统弹出图2-3所示的"点"对话框，设置坐标"XC"、"YC"、"ZC"坐标为"0"、"0"、"0"，单击"确定"按钮系统返回"圆柱"对话框，单击"应用"按钮，即可创建平垫圈的外部结构如图2-4所示。

2.1.3 创建内孔

在图2-5所示"圆柱"对话框中，重新设置"直径"为"13"、"高度"为"3"，并在"布尔"选项中，选择"求差"方式，其他选项与上一操作步骤相同，单击"确定"按钮，系统自动将第一次创建的圆柱体减去后面创建的圆柱体，创建出如图2-6所示的平垫圈。

图 2-2 "圆柱"对话框   图 2-3 "点"对话框

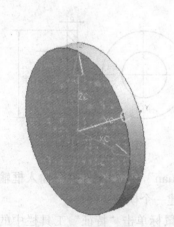

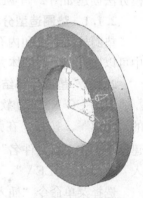

图 2-4 创建平垫圈的外部结构   图 2-5 "圆柱"对话框   图 2-6 平垫圈

2.2 任务2：接头建模

接头是机械工程中常用的连接件，下面运用基本体素建模方法创建图 2-7 所示的接头零件。

2.2.1 接头造型分析

接头零件结构由球体、圆柱体、锥体、平面、沟槽组成，在建模过程中，需要综合运用基本体素特征和布尔运算来创建。

2.2.2 创建球体

启动 UG NX 6.0 软件,在软件初始界面单击左上角的"新建" 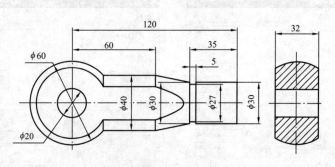 按钮,在弹出的"新建"对话框中选择新建模型,在"新文件名"下方的"名称"输入框输入"jie_tou",在"文件夹"输入框输入"F:\UG_FILE\",单击"确定"按钮关闭对话框,则新建一个模型文件。选择菜单命令"插入"→"设计特征"→"球",或者单击"特征"工具栏中的"球"图标,系统弹出如图2-8所示"球"对话框,在对话框中设置球体直径为"60",在"指定点"选项中,单击图标,系统弹出如图2-9所示"点"对话框,设置"XC,YC,ZC"的坐标为"0,0,0",单击"确定"按钮,系统返回"球"对话框,再一次单击"确定"按钮,创建图2-10所示的球体。

图 2-7 接头零件图

图 2-8 "球"对话框

图 2-9 "点"对话框(一)

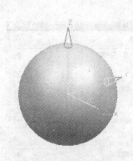

图 2-10 创建球体

2.2.3 创建圆柱体

选择菜单命令"插入"→"设计特征"→"圆柱体",或者单击"特征"工具栏中的"圆柱"图标,系统弹出如图2-11所示"圆柱"对话框,在对话框中设置圆柱的"直径"为"40","高度"为"60",在"指定矢量"选项中选择Y轴正方向,在"指定点"选项中单击图标,系统弹出图2-12所示"点"对话框,在对话框中设置"XC"、"YC"、"ZC"的坐标为"0"、"0"、"0",单击"确定"按钮,系统返回"圆柱"对话框,在"布尔"选项中,选择"求和"方式,单击"确定"按钮,创建的实体如图2-13所示。

2.2.4 创建圆台

选择菜单命令"插入"→"设计特征"→"圆锥",或者单击"特征"工具栏中的"圆锥"图标,系统弹出如图2-14所示的"圆锥"对话框,设置"类型"选项为"直径和高度","指定矢量"方向为Y轴正方向,单击"指定点"选项中的图标,系统弹出如图

2-15 所示"点"对话框，设置"XC"、"YC"、"ZC"的坐标为"0"、"60"、"0"，单击"确定"按钮，系统返回到"圆锥"对话框，设置"尺寸"选项下"底部直径"为"40"，"顶部直径"为"30"，"高度"为"25"，单击"确定"按钮，完成图 2-16 所示圆台的创建。

图 2-11 "圆柱"对话框（一）

图 2-12 "点"对话框（二）

图 2-13 创建圆柱体

图 2-14 "圆锥"对话框

图 2-15 "点"对话框（三）

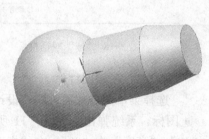

图 2-16 创建圆台

2.2.5 创建沟槽位置圆柱体

选择菜单命令"插入"→"设计特征"→"圆柱体"，或单击"特征"工具栏中的"圆柱" 图标，系统弹出如图 2-17 所示的"圆柱"对话框，在"类型"选项中，选择"轴、直径和高度"选项，输入"直径"和"高度"分别为"27"和"5"，在"指定矢量"选项中选择 Y 轴正方向 ，单击"指定点"选项中的 图标，弹出如图 2-18 所示"点"对话框，在"坐标"选项下输入"XC"、"YC"、"ZC"的坐标为"0"、"85"、"0"，单击"确定"按钮，系统返回到"圆柱"对话框，设置"布尔"选项为"求和"方式，单击"应用"按钮，结果如图 2-19 所示。

图 2-17 "圆柱"对话框（二）

图 2-18 "点"对话框（四）

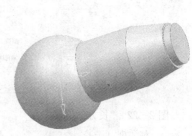

图 2-19 创建沟槽位置圆柱体

图 2-20 "圆柱"对话框（三）

2.2.6 创建最后一段圆柱

在图 2-20 所示"圆柱"对话框中，重新输入"直径"和"高度"分别为"30"，"指定矢量"方向为 Y 正方向 ，单击"指定点"选项中的 图标，在系统弹出的"点"对话框中输入"XC"、"YC"、"ZC"的坐标为"0"、"90"、"0"，单击"确定"按钮，完成图 2-21 所示圆柱体创建。

图 2-21 创建最后一段圆柱

2.2.7 创建长方体并进行布尔运算

选择菜单命令"插入"→"设计特征"→"长方体"，或单击"特征"工具栏中的"长方体" 图标，系统弹出如图 2-22 所示的"长方体"对话框，分别输入"长度"为"30"，"宽度"为"150"，"高度"为"150"，单击"指定点"选项中的 图标，弹出如图 2-23 所示"点"对话框，在"坐标"选项下输入"XC"、"YC"、"ZC"的坐标为"16"、"-40"、"-40"，单击"确定"按钮，系统返回"长方体"对话框，设置"布尔"选项为"求差"方式，然后用鼠标选择绘图区中已创建的实体，单击"应用"按钮，完成新建长方体对原有实体的布尔求差运算，结果如图 2-24 所示。

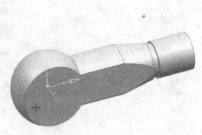

图2-22 "长方体"　　　图2-23 "点"　　　图2-24 切割实体平面
　　对话框（一）　　　　　对话框（五）

按照相同的操作步骤，进行实体另一侧的切割，再一次单击长方体对话框中"指定点"选项中的 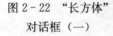 图标，弹出如图2-25所示"点"对话框，输入"XC"、"YC"、"ZC"的坐标为"-46"、"-40"、"-40"，其他选项不变，单击"确定"按钮，系统返回"长方体"对话框，单击"确定"按钮，创建的实体如图2-26所示。

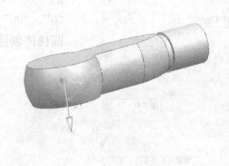

图2-25 "点"对话框（六）　　　　　图2-26 切割实体另一侧面

2.2.8 创建接头孔

选择菜单命令"插入"→"设计特征"→"圆柱体"，或单击"特征"工具栏中的"圆柱"图标，在弹出的"圆柱"对话框中，按图2-27所示输入"直径"为"20"，"高度"为"40"，在"指定矢量"选项中选择X轴正方向，"布尔"运算选择"求差"方式，单击指定点图标，系统弹出"点构造器"对话框，按图2-28所示输入"XC"、"YC"、"ZC"的坐标为"-20"、"0"、"0"，单击"确定"按钮，系统返回"圆柱"对话框，再一次单击"确定"按钮，系统完成接头零件的创建，如图2-29所示。

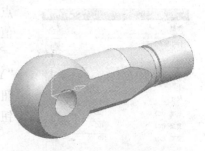

图 2-27 "长方体"　　　图 2-28 "点"　　　　图 2-29 接头零件
对话框（二）　　　　　对话框（七）

2.3　任务 3：气缸垫板建模

气缸垫板是气缸结构中的一个零件，下面介绍如何创建图 2-30 所示气缸垫板零件模型。

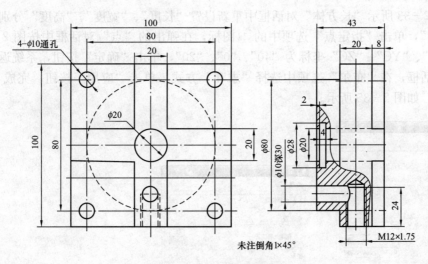

图 2-30 气缸垫板零件图

2.3.1 气缸垫板的结构分析

该零件的几何特征由长方体和圆柱体组成，通过基本体素特征的创建并进行布尔运算即可完成模型的创建。

2.3.2 创建底板

启动 UG NX 6.0 软件，在软件初始界面单击左上角的"新建" 按钮，在弹出的"新建"对话框中选择新建模型，在"新文件名"下方的"名称"输入框输入"dian_ban"，在

"文件夹"输入框输入"F:\UG_FILE\",单击"确定"按钮关闭对话框,则新建一个模型文件。

选择菜单命令"插入"→"设计特征"→"长方体",或者单击"特征"工具栏中的"长方体"  图标,系统弹出如图 2-31 所示的"长方体"对话框,在"类型"选项中,选择"原

点和边长"选项,设置长方体的"长度"、"宽度"、"高度"值分别为"100"、"100"、"20",单击"指定点"选项中的 图标,在系统弹出的"点"对话框中输入"XC"、"YC"、"ZC"的坐标为"0"、"0"、"0",单击"确定"按钮,系统返回到"长方体"对话框,再一次单击"应用"按钮,创建图 2-32 所示的底板。

图 2-31 "长方体"对话框(一)

图 2-32 创建底板

2.3.3 加强筋的创建

1. Y 方向加强筋的创建

在图 2-33 所示"长方体"对话框中重新设置"长度"、"宽度"、"高度"分别为"20"、"100"、"8",单击"指定点"选项中的 图标,在弹出的"点"对话框中按图 2-34 所示输入"XC"、"YC"、"ZC"坐标为"40"、"0"、"20",单击"确定"按钮,系统返回到"长方体"对话框,在"布尔"选项中选择"求和"方式,单击"应用"按钮,完成 Y 向加强筋的创建,如图 2-35 所示。

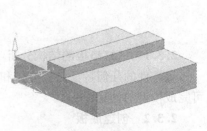

图 2-33 "长方体"
对话框(二)

图 2-34 "点"对话框(一)

图 2-35 创建 Y 方向加强筋

2. X 方向加强筋的创建

在图 2-36 所示"长方体"对话框中重新设置"长度"、"宽度"、"高度"值分别为 "100"、"20"、"8"，单击"指定点"选项中的 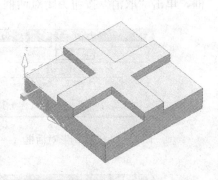 图标，在弹出的"点"对话框中按图 2-37 所示输入"XC"、"YC"、"ZC"坐标为"0"、"40"、"20"，单击"确定"按钮，系统返回到 "长方体"对话框，在"布尔"选项中选择"求和"方式，单击"确定"按钮，完成 X 方向 加强筋的创建，如图 2-38 所示。

图 2-36　"长方体"对话框（三）　　　图 2-37　"点"对话框（二）　　　图 2-38　创建 X 方向加强筋

2.3.4　创建底板安装孔

选择菜单"插入"→"设计特征"→"圆柱体"，或单击"特征"工具栏中的"圆柱" 图标，系统弹出如图 2-39 所示"圆柱"对话框，设置圆柱"直径"为"10"，"高度"为 "20"，在"指定矢量"选项中选择 Z 轴正方向 ，在"指定点"选项中，单击 图标，在 系统弹出的"点"对话框中，按图 2-40 所示输入"XC"、"YC"、"ZC"的坐标为"10"、 "10"、"0"，单击"确定"按钮，系统返回到"圆柱"对话框，在布尔运算选项中选择"求 差"方式，单击"确定"按钮，完成孔的创建如图 2-41 所示。

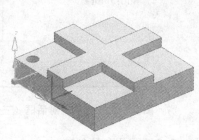

图 2-39　"圆柱"对话框　　　图 2-40　"点"对话框（三）　　　图 2-41　创建安装孔

2.3.5　阵列孔

选择菜单命令"插入"→"关联复制"→"实例特征"，或单击"特征操作"工具栏中的"实例特征"  图标，系统弹出如图 2-42 所示"实例"对话框，在对话框中单击"矩形阵列"选项，则对话框变为图 2-43 所示，在对话框中选取圆柱体特征，或用鼠标直接在绘图区选择上一步所创建的孔，然后单击"确定"按钮，系统弹出如图 2-44 所示"输入参数"对话框。

在"方法"选项中选择"常规"选项，输入"XC 向的数量"为"2"，"XC 偏置"为"80"，"YC 向的数量"为"2"，"YC 偏置"为"80"，单击"确定"按钮，系统弹出如图 2-45 所示"创建实例"对话框，选择"是"选项，弹出如图 2-46 所示"实例"对话框，单击"取消"按钮关闭对话框，完成孔阵列如图 2-47 所示。

图 2-42　"实例"对话框（一）

图 2-43　"实例"对话框（二）

图 2-44　"输入参数"对话框

图 2-45　"创建实例"对话框

图 2-46　"实例"对话框（三）

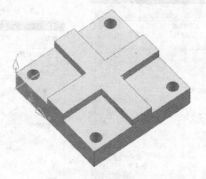

图 2-47　孔的阵列

2.3.6　凸台的创建

选择菜单命令"插入"→"设计特征"→"圆柱体"，或者单击"特征"工具栏中的"圆柱"

图标,弹出如图2-48所示"圆柱"对话框,设置圆柱"直径"为"80","高度"为"15",单击"指定点"选项,弹出图2-49所示的"点"对话框,输入"XC"、"YC"、"ZC"的坐标为"50"、"50"、"-15",单击"确定"按钮,系统返回到"圆柱"对话框,设置"布尔"选项为"求和"方式,单击"应用"按钮,系统完成凸台的创建,如图2-50所示。

图2-48 "圆柱"对话框(一)　　图2-49 "点"对话框(四)　　图2-50 创建凸台

2.3.7 创建中心孔

在图2-51所示的"圆柱"对话框中重新设置"直径"为"20"、"高度"为"43",单击"指定点"选项中的 图标,在弹出的"点"对话框中按图2-52所示输入"XC"、"YC"、"ZC"的坐标为"50"、"50"、"-15",单击"确定"按钮,系统返回到"圆柱"对话框,设置"布尔"选项为"求差"方式,单击"确定"按钮,完成中心孔的创建,如图2-53所示。

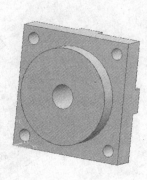

图2-51 "圆柱"对话框(二)　　图2-52 "点"对话框(五)　　图2-53 创建中心孔

2.3.8　孔倒角

选择菜单命令"插入"→"细节特征"→"倒斜角"，或者单击"特征操作"工具栏中的"倒斜角" 图标，弹出如图 2-54 所示的"倒斜角"对话框，设置"横截面"选项为"对称"方式，"距离"为"1.5"，按图 2-55 所示选择 5 个孔的边缘，单击对话框中的"确定"按钮，完成孔倒斜角操作。

图 2-54　"倒斜角"对话框

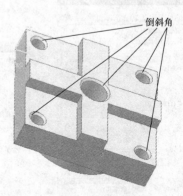

图 2-55　创建倒角

2.3.9　密封槽的创建

选择菜单命令"插入"→"设计特征"→"坡口焊"，或者单击"特征"工具栏中的"坡口焊" 图标，系统弹出如图 2-56 所示的"槽"对话框，单击对话框中的"矩形"选项，系统弹出如图 2-57 所示"矩形槽"对话框，系统提示选择矩形槽放置面。

用鼠标在绘图区中选择如图 2-58 所示的圆柱面为槽的放置面，系统弹出如图 2-59 所

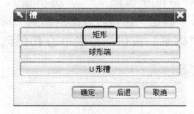

图 2-56　"槽"对话框

图 2-57　"矩形槽"对话框（一）

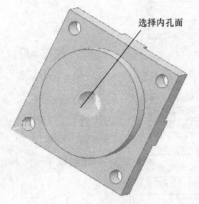

图 2-58　选择内孔面

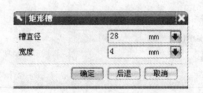

图 2-59　"矩形槽"对话框（二）

示"矩形槽"对话框,设置"槽直径"为"28","宽度"为"4",单击"确定"按钮,系统弹出如图2-60所示的"定位槽"对话框,用鼠标依次选择图2-61所示目标边和刀具边,系统弹出如图2-62所示的"创建表达式"对话框,输入尺寸值为"2",单击"确定"按钮,完成密封槽的创建,单击对话框的"取消"按钮关闭对话框。再次单击"视图"工具栏中的"带边着色" 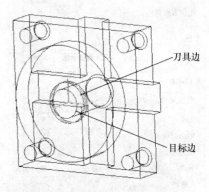 按钮,将模型改为着色显示,结果如图2-63所示。

图2-61 选择目标边与刀具边

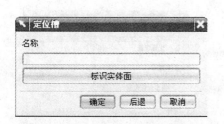

图2-60 "定位槽"对话框

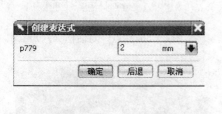

图2-62 "创建表达式"对话框

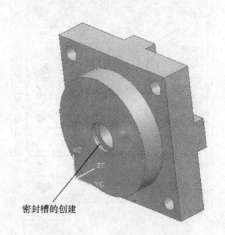

图2-63 创建密封槽

2.3.10 进气孔的创建

1. 创建螺纹孔

选择菜单命令"插入"→"设计特征"→"孔",或者单击"特征"工具栏中的"孔" 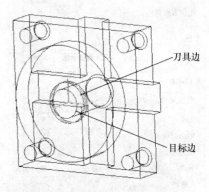 图标,系统弹出如图2-64所示"孔"对话框,设置"类型"选项为"螺纹孔","孔方向"为"垂直于面","Size"为"M12×1.75","深度"为"24","尖角"为"118",按图2-65所示选择平面作为孔的放置面,进入草图模式,并弹出"创建草图"对话框,单击"确定"按钮,系统弹出如图2-66所示"点"对话框,在对话框中输入"XC"、"YC"、"ZC"的坐标分别为"0"、"0"、"0",单击"确定"按钮,系统在实体面上创建一个点,单击"取消"按钮关闭对话框,再单击 完成草图 图标,退出草图模式并返回到"孔"对话框,同时在绘图区中显示所创建孔的预览,单击"应用"按钮完成螺纹孔的创建,如图2-67所示。

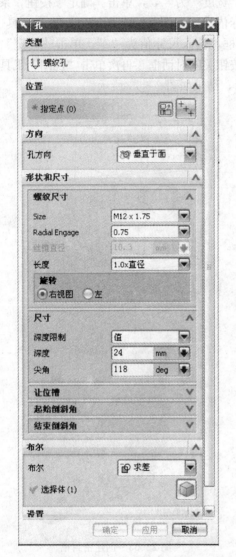

图 2-64 "孔"对话框（一）

图 2-65 孔放置面

图 2-66 "点"对话框（六）

图 2-67 创建螺纹孔

2. 创建进气孔

在图 2-68 所示"孔"对话框中，重新设置孔"类型"为"常规孔"，"成形"选项为"简单"，"直径"为"10"，"深度"为"30"，"尖角"为"118"，其他选项按默认设置，单击图 2-69 所示的实体面作为孔的放置面，系统进入草图模式，同时弹出"创建草图"对话框，单击"确定"按钮，系统又弹出如图 2-70 所示"点"对话框，在对话框中输入"XC"、"YC"、"ZC"的坐标分别为"0"、"-30"、"0"，单击"确定"按钮，系统在实体面上创建一个点，单击"取消"按钮关闭对话框，再单击 🔲 图标，退出草图模式，并返回到"孔"对话框，单击"确定"按钮，完成的气缸垫板模型如图 2-71 所示。

图 2-68 "孔"对话框（二）

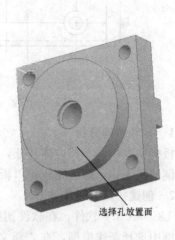

选择孔放置面

图 2-69 选择孔放置面

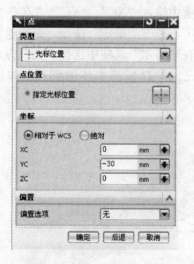

图 2-70 "点"对话框（七）

图 2-71 气缸垫板模型

2.4 实训 1：虎钳护口板建模

护口板是虎钳上的一个零件，根据图 2-72 所示零件图，运用基本体素特征、孔特征、倒斜角特征创建护口板模型。

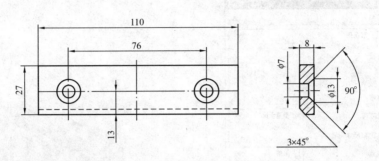

图 2-72　虎钳护口板零件图

2.4.1　零件结构分析

护口板模型主体属于长方体特征，在构建长方体特征的基础上，通过创建埋头孔特征并对边进行倒斜角操作，即可完成护口板的建模。

2.4.2　创建护口板基本体

启动 UG NX 6.0 软件，在软件初始界面单击左上角的"新建" 按钮，在弹出的"新建"对话框中选择新建模型，在"新文件名"下方的"名称"输入框输入"hu_kou_ban"，在"文件夹"输入框输入"F:\UG_FILE\"，单击"确定"按钮关闭对话框，则新建一个模型文件。选择菜单命令"插入"→"设计特征"→"长方体"，或单击"特征"工具栏中的"长方体" 图标，系统弹出图 2-73 所示的"长方体"对话框，在对话框中设置长方体的"长度"、"宽度"、"高度"分别为"110，8，27"，单击"指定点"选项中的 图标，在弹出的"点"对话框中输入"XC"、"YC"、"ZC"坐标分别为"0"、"0"、"0"，单击"确定"按钮，系统返回到"长方体"对话框，在"布尔"选项中选择"无"方式，单击"确定"按钮，完成护口板基本体的创建，如图 2-74 所示。

图 2-73　"长方体"对话框（一）

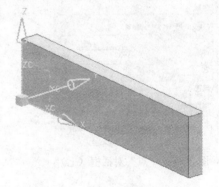

图 2-74　护口板基本体创建（一）

2.4.3　创建埋头孔

选择菜单命令"插入"→"设计特征"→"孔"，或者单击"特征操作"工具栏中"孔" 图标，弹出如图 2-75 所示"孔"对话框，设置孔"类型"为"常规孔"，"孔方向"设置为"垂直于面"，在"形状和尺寸"列表框中，选择"成形"选项为"埋头孔"，"埋头孔直径"

设置为"13","埋头孔角度"为90°,"直径"为"7","深度限制"为"贯通体",布尔运算选项为"求差"方式,按图2-76所示单击护口板的前面,系统进入草图模式,并弹出如图2-77所示"点"对话框。

按图2-77所示在对话框中分别输入"XC"、"YC"、"ZC"的坐标为"-38"、"-0.5"、"0",单击"确定"按钮,再次按图2-78所示输入"XC"、"YC"、"ZC"的坐标分别为"38"、"-0.5"、"0",单击"确定"按钮,创建两个埋头孔的中心点,如图2-79所示,单击"取消"按钮关闭对话框。再单击 按钮,系统退出草图模式,返回"孔"对话框,在绘图区中可以预览所创建的埋头孔如图2-80所示,在"孔"对话框中,单击"确定"按钮,创建的埋头孔如图2-81所示。

图2-75 "长方体"对话框(二)

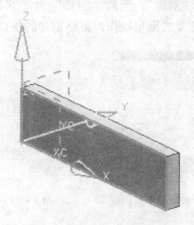

图2-76 护口板基本体创建(二)

图2-77 "点"对话框(一)

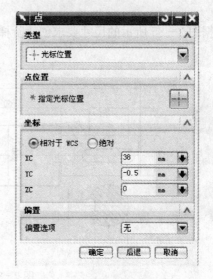

图2-78 "点"对话框(二)

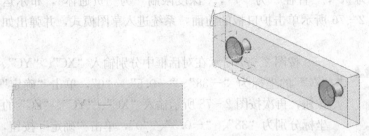

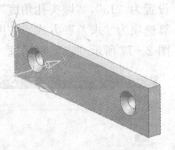

图 2-79 创建埋头孔的中心点　　　图 2-80 埋头孔预览　　　图 2-81 创建埋头孔

2.4.4 倒斜角

选择菜单命令"插入"→"细节特征"→"倒斜角",或者单击"特征操作"工具栏中的"倒斜角" ▧ 图标,系统弹出如图 2-82 所示的"倒斜角"对话框,在对话框中设置"横截面"选项为"对称",倒角"距离"为"3",在绘图区中按图 2-83 所示选择棱边,单击"确定"按钮完成倒角操作,最终创建的护口板模型如图 2-84 所示。

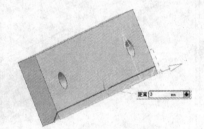

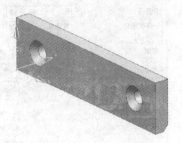

图 2-82 "倒斜角"对话框　　　图 2-83 棱边倒斜角　　　图 2-84 护口板模型

2.5 实训 2:轴建模

根据图 2-85 所示的尺寸要求创建阶梯轴的模型。

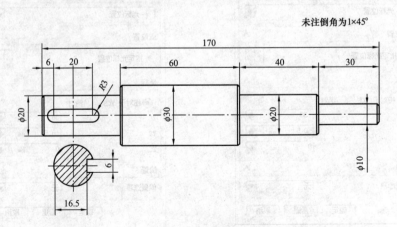

图 2-85 轴零件图

2.5.1 轴的结构分析

该零件主体模型由圆柱体构成,通过创建圆柱体并执行布尔"求和"运算,即可完成轴的创建,然后运用"倒斜角"命令倒角,运用"键槽创建"功能创建键槽。

2.5.2 轴段1的创建

启动 UG NX 6.0 软件,在软件初始界面单击左上角的"新建"  按钮,在弹出的"新建"对话框中选择新建模型,在"新文件名"下方的"名称"输入框输入"zhou",在"文件夹"输入框输入"F:\UG_FILE\",单击"确定"按钮关闭对话框,则新建一个模型文件。

选择菜单命令"插入"→"设计特征"→"圆柱体",或单击"特征"工具栏中的"圆柱"图标,系统弹出如图2-86所示的"圆柱"对话框,设置"指定矢量"选项为 Y 轴正方向,设置"直径"和"高度"尺寸分别为"30"、"60",单击"指定点"选项中的图标,弹出如图2-87所示"点"对话框中,设置"XC"、"YC"、"ZC"坐标分别为"0"、"0"、"0",单击"确定"按钮,系统返回到"圆柱"对话框,单击"应用"按钮,创建如图2-88所示的轴段1。

图 2-86 "圆柱"对话框(一)   图 2-87 "点"对话框(一)   图 2-88 轴段1的创建

2.5.3 轴段2的创建

按图2-89所示在"圆柱"对话框中,重新设置"直径"和"高度"分别为"20"、"40",单击"指定点"选项中图标,弹出如图2-90所示的"点"对话框,输入"XC"、"YC"、"ZC"坐标分别为"0"、"60"、"0",单击"确定"按钮,系统返回到"圆柱"对话框,设置"布尔"选项为"求和"方式,单击"应用"按钮完成轴段2创建,如图2-91所示。

2.5.4 轴段3的创建

按图2-92所示在"圆柱"对话框中,重新设置"直径"和"高度"分别为"10"、"30",单击"指定点"选项中图标,弹出如图2-93所示的"点"对话框,输入"XC"、"YC"、"ZC"坐标分别为"0"、"100"、"0",单击"确定"按钮,系统返回"圆柱"对话框,单击"应用"按钮完成轴段3的创建,如图2-94所示。

图 2-89　"圆柱"对话框（二）

图 2-90　"点"对话框（二）

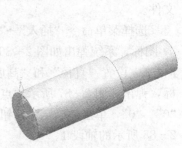

图 2-91　轴段 2 的创建

图 2-92　"圆柱"对话框（三）

图 2-93　"点"对话框（三）

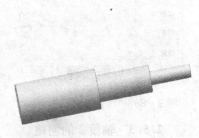

图 2-94　轴段 3 的创建

2.5.5　轴段 4 的创建

按图 2-95 所示在"圆柱"对话框中，重新设置"直径"和"高度"分别为"20"、"40"，在"指定点"选项中单击 图标，弹出如图 2-96 所示"点"对话框，输入"XC"、"YC"、"ZC"坐标分别为"0"、"0"、"0"，单击"确定"按钮返回"圆柱"对话框，选择"指定矢量"方向为 Y 轴负方向 ，"布尔"选项为"求和"方式，单击"确定"按钮完成轴段 4 的创建，如图 2-97 所示。

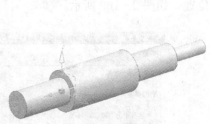

图 2-95　"圆柱"对话框（四）　　图 2-96　"点"对话框（四）　　　图 2-97　轴段 4 的创建

2.5.6　创建倒角

选择菜单命令"插入"→"细节特征"→"倒斜角"，或者单击"特征操作"工具栏中的"倒斜角" 图标，系统弹出如图 2-98 所示"倒斜角"对话框。在对话框中设置"横截面"选项为"对称"方式，"距离"设置为"1"，按图 2-99 所示选择要倒角的边，单击"倒斜角"对话框中的"确定"按钮，完成倒角操作。

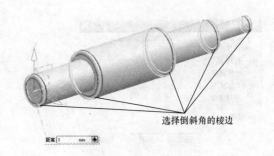

图 2-98　"倒斜角"对话框　　　　　　图 2-99　选择轴的棱边

2.5.7　创建键槽

1. 创建基准面

选择菜单命令"插入"→"基准/点"→"基准平面"，或者单击"特征"工具栏中的"基准平面" 图标，弹出如图 2-100 所示"基准平面"对话框，设置"类型"选项为"按某一距离"，然后用鼠标在绘图区中选择 XC-YC 平面如图 2-101 所示，在对话框中设置偏置"距离"为"10"，"平面数量"为"1"，单击"确定"按钮，系统创建如图 2-101 所示的基准平面。

2. 创建键槽

选择菜单命令"插入"→"设计特征"→"键槽"，或者单击"特征"工具栏中的"键槽"

图标，系统弹出如图 2-102 所示"键槽"对话框，在对话框中选择键槽类型为"矩形"，单击"确定"按钮，系统弹出如图 2-103 所示"矩形键槽"对话框，同时系统提示选择键槽放置平面，用鼠标在绘图区中选择上一步所创建的基准平面，系统弹出如图 2-104 所示的对话框，选择"接受默认边"选项，系统弹出如图 2-105 所示"水平参考"对话框，按图 2-106 所示选择圆柱面作为水平参考，系统弹出如图 2-107 所示"矩形键槽"对话框，在对话框中设置键槽"长度"为"26"，"宽度"为"6"，"深度"为"3.5"，单击"确定"按钮，系统弹出如图 2-108 所示的"定位"对话框，同时在绘图区可以预览到键槽的初始位置，如图 2-109 所示。

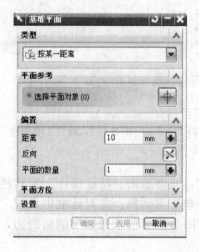

图 2-100 "基准平面"对话框

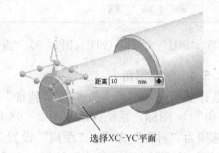

图 2-101 选择 XC-YC 平面

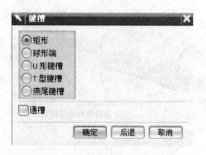

图 2-102 "键槽"对话框

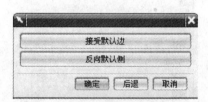

图 2-104 选择特征边对话框

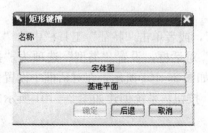

图 2-103 "矩形键槽"对话框（一）

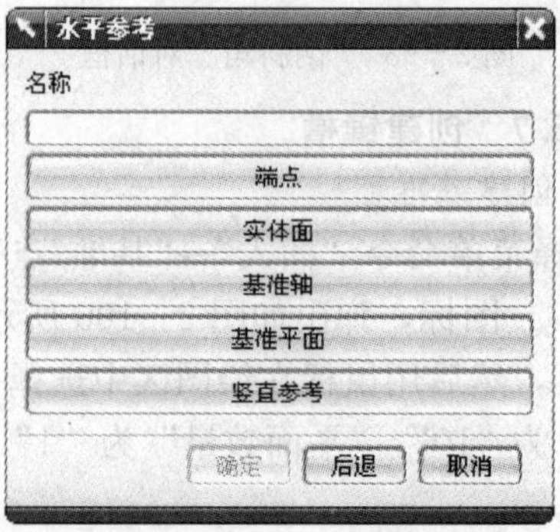

图 2-105 "水平参考"对话框

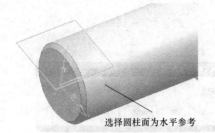

选择圆柱面为水平参考

图 2－106　选择水平参考

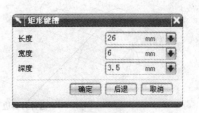

图 2－107　"矩形键槽"对话框（二）

图 2－108　"定位"对话框

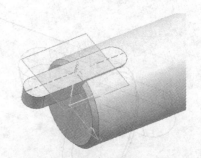

图 2－109　键槽定位

单击"定位"对话框中的水平定位图标，弹出如图 2－110 所示"水平"对话框，系统提示选择目标对象，按图 2－111 所示选择圆作为目标边，系统弹出如图 2－112 所示"设置圆弧的位置"对话框，选择"圆弧中心"选项，返回"水平"对话框，系统提示选择刀具边，按图 2－113 所示选择键槽的对称中心线为刀具边，系统弹出如图 2－114 所示的"创建表达式"对话框，并在绘图区中显示尺寸的位置，如图 2－115 所示，在对话框中设置尺寸为"16"，单击"确定"按钮，系统完成键槽的水平定位，如图 2－116 所示，系统重新返回到"定位"对话框。

图 2－110　"水平"对话框

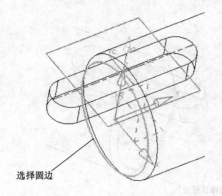

选择圆边

图 2－111　选择目标边

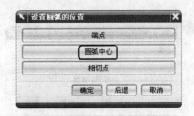

图 2－112　"设置圆弧的位置"对话框

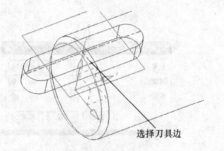

图 2-113　选择刀具边

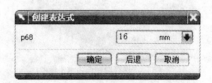

图 2-114　"创建表达式"对话框

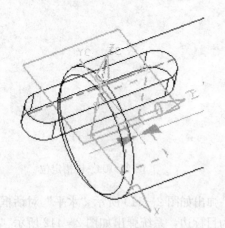

图 2-115　水平定位尺寸

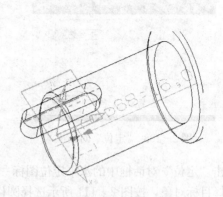

图 2-116　键槽水平定位

　　单击"定位"对话框中的 图标，对键槽进行竖直定位，弹出如图 2-117 所示"竖直"对话框，系统提示选择目标对象，按图 2-118 所示选择圆为目标对象，在弹出的"设置圆弧的位置"对话框中单击"圆弧中心"选项，返回如图 2-119 所示"竖直"对话框，系统提示选择刀具边，按图 2-120 所示选择键槽对称中心线作为刀具边，弹出如图 2-121 所示的"创建表达式"对话框，在表达式中输入尺寸值为"0"，单击对话框中的"确定"按钮，完成键槽的竖直定位操作，单击"取消"按钮关闭对话框，最终完成轴的创建，如图 2-122 所示。

图 2-117　"竖直"对话框（一）

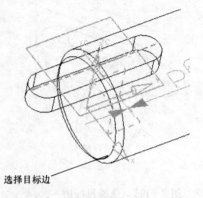

图 2-118　选择竖直定位目标对象

图 2-119 "竖直"对话框（二）

选择键槽宽度方向中心线

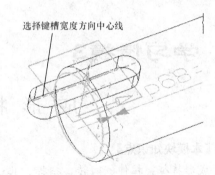

图 2-120 选择刀具边

图 2-121 尺寸表达式

图 2-122 轴的模型

学习情境3

成 形 特 征 建 模

【本模块知识点】

成形特征：拉伸、回转、扫掠、孔、凸台、腔体、垫块、键槽、坡口焊等。

特征操作：边倒圆、面倒圆、倒斜角、布尔运算、修剪体、螺纹创建、镜像特征、阵列特征。

草图绘制：运用直线、圆弧、圆命令绘制截面草图。

曲线绘制：直线、圆、六边形、螺旋线等。

基准特征：基准平面、基准轴创建。

成形特征在特征建模时不能作为主特征，它必须依赖于某个主特征才能存在，即只能在实体上创建成形特征，因此只能作为辅助特征。

3.1　任务1：连杆建模

连杆是机构中常用的零件，起着连接和传递动力的作用，运用成形特征功能完成如图3-1所示连杆零件的建模。

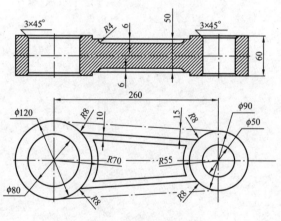

图3-1　连杆零件图

3.1.1　连杆实体造型分析

连杆的主体部分属于拉伸实体，可以通过绘制草图并拉伸来创建，连杆两侧的圆柱部分可以通过创建圆柱体来完成，对于连杆的细节部分，可以通过倒斜角、倒圆角、草图拉伸及布尔求差运算等操作来完成。

3.1.2　创建连杆截面草图

启动UG NX 6.0软件，在软件初始界面单击左上角的"新建" 按钮，在弹出的"新建"对话框中选择新建模型，在"新文件名"下方的"名称"输入框输入"lian_gan"，在"文件夹"输入框输入"F:\UG_FILE\"，单击"确定"按钮关闭对话框，则新建一个模型文件。

选择菜单命令"插入"→"草图"，或者单击"特征"工具栏中的"草图" 图标，弹出如图3-2所示"创建草图"对话框，在"类型"下拉列表中选择"在平面上"选项，在"平面选项"下拉列表中选取"创建平面"选项，在"指定平面"选项中单击右侧的下拉箭头，选取 方式，单击对话框中的"确定"按钮，进入草图模式，系统即在XC-YC平面创建一张草图。

单击"草图工具"工具栏中的"直线"∕图标，选择▣模式绘制直线，以原点为起点绘制长度为"260"、角度为"0"的一条水平线，如图3-3所示。

图3-2 "创建草图"对话框（一）

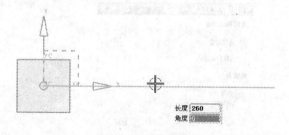

图3-3 绘制水平线

单击"草图工具"工具栏中的"圆"○图标，以刚才绘制的水平线的两个端点为圆心，大概绘制两个圆，再运用直线命令分别绘制两个圆的两条共切线如图3-4所示，单击"草图工具"工具栏中的"快速修剪"∖✦图标，弹出如图3-5所示"快速修剪"对话框，按图3-4所示位置单击4段圆弧进行修剪操作，修剪完后单击"关闭"按钮退出修剪命令。修剪后的草图曲线如图3-6所示。

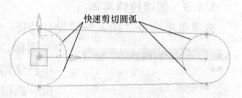

图3-4 绘制草图

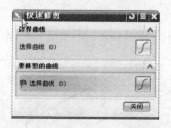

图3-5 "快速修剪"对话框

图3-6 修剪后的草图曲线

对所绘制的草图曲线进行尺寸约束：单击"草图工具"工具栏中的"自动判断尺寸"▨图标，单击图3-7中左侧圆弧，则显示该圆弧的半径尺寸，在适当位置单击放置尺寸，弹出尺寸表达式，输入半径"60"，按回车键确认，如图3-7所示。用同样的方法标注另一侧圆弧半径尺寸"45"按回车键确认。单击水平线标注水平线的长度"260"，绘图区中的图形按最新设置的尺寸自动刷新，结果如图3-8所示。

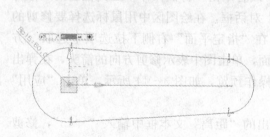

图3-7 标注大圆弧尺寸

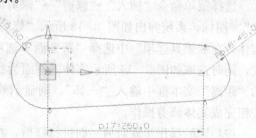

图3-8 草图尺寸约束

　　将水平线转换为参考对象：选择菜单命令"工具"→"约束"→"转换至/自参考对象"，或者单击"草图工具"工具栏中的"转换至/自参考对象"📌图标，弹出如图 3-9 所示"转换至/自参考对象"对话框，选择所绘制的水平线，单击"确定"按钮，水平线变为参考对象（双点划线）。最后单击 ※※ 完成草图 按钮，系统退出草图模式，结果如图 3-10 所示。

图 3-9　"转换至/自参考对象"对话框

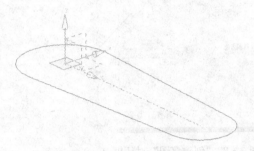

图 3-10　连杆草图绘制

3.1.3　创建拉伸实体

　　选择菜单命令"插入"→"设计特征"→"拉伸"，或者单击"特征"工具栏中的"拉伸"🔳图标，弹出如图 3-11 所示的"拉伸"对话框，选择上一步创建的草图曲线，在对话框中设置"限制"选项中的"结束"选项为"对称值"方式，输入"距离"为"25"，则显示拉伸实体的预览，如图 3-12 所示，单击"确定"按钮完成拉伸操作。

图 3-11　"拉伸"对话框（一）

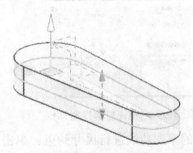

图 3-12　拉伸特征预览

3.1.4　实体修剪

　　选择菜单命令"插入"→"修剪"→"修剪体"，或者单击"特征操作"工具栏上的"修剪体"▱图标，系统弹出如图 3-13 所示"修剪体"对话框，在绘图区中用鼠标选择要修剪的实体，在"工具选项"中选择"新平面"选项，在"指定平面"右侧下拉选项中选取▱方式，同时选取如图 3-14 所示实体的侧面为参考面，单击图中表示修剪方向的箭头，在弹出的"距离"文本框中输入"-15"，则显示修剪操作预览，如图 3-14 所示，单击"应用"按钮完成实体修剪操作。

　　按相同的操作步骤对另一面进行修剪，在弹出的"距离"文本框中输入"-15"，修剪后的结果如图 3-15 所示。

图 3-13　"修剪体"对话框

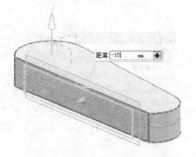

图 3-14　修剪实体预览

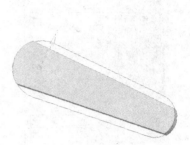

图 3-15　实体两侧修剪后的结果

3.1.5　创建连杆两端圆柱体

选择菜单命令"插入"→"设计特征"→"圆柱体",或者单击"特征"工具栏中的"圆柱"图标,系统弹出如图 3-16 所示"圆柱"对话框,在"类型"下拉列表框中选取"轴、直径和高度"方式,在"指定矢量"方向选项中选择 Z 轴正方向,设置"直径"和"高度"分别为"120"、"60","布尔"运算选择"求和"方式,在"指定点"选项中单击图标,弹出如图 3-17 所示"点"对话框,输入"XC"、"YC"、"ZC"的坐标分别为"0"、"0"、"-30",单击"确定"按钮返回"圆柱"对话框,再次单击"应用"按钮,创建连杆大端圆柱体如图 3-18 所示。

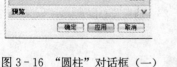

图 3-16　"圆柱"对话框（一）

图 3-17　"点"对话框（一）

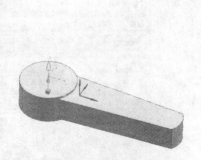

图 3-18　创建连杆大端圆柱体

按照相同的操作方法,创建连杆小端的圆柱体。在如图 3-19 所示"圆柱"对话框中,重新设置"直径"和"高度"分别为"90"和"60",在"指定点"选项中单击图标,弹出如图 3-20 所示"点"对话框,设置"XC"、"YC"、"ZC"的坐标分别为"260"、"0"、"-30",单击"确定"按钮返回"圆柱"对话框,再次单击"确定"按钮关闭对话框,结果如图 3-21 所示。

图 3-19　"圆柱"对话框（二）

图 3-20　"点"对话框（二）

图 3-21　创建连杆小端圆柱体

3.1.6　连杆孔的创建

选择菜单命令"插入"→"设计特征"→"孔"，或者单击"特征"工具栏中的"孔"图标，系统弹出如图 3-22 所示"孔"对话框，在"类型"选项中选择"常规孔"方式，"直径"设置为"80"，"深度限制"为"贯通体"，"布尔"运算方式为"求差"方式，按图 3-23 所示用鼠标捕捉大圆柱上面的圆心，单击对话框中的"应用"按钮，创建连杆大端孔如图 3-24 所示，按同样的操作方法，创建内径"50"的连杆小端孔，如图 3-25 所示。

图 3-22　"孔"对话框

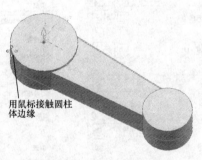

用鼠标接触圆柱体边缘

图 3-23　捕捉圆心位置

图 3-24　创建连杆大端孔

3.1.7　连杆柄凹槽的创建

1. 连杆凹槽拉伸草图的创建

选择菜单命令"插入"→"草图",或者单击"特征"工具栏中的"草图"  图标,系统弹出如图 3-26 所示"创建草图"对话框,在绘图区中选择连杆柄实体上平面如图 3-27 所示,单击对话框中的"确定"按钮,系统进入草图模式,用直线和圆命令大概绘制如图 3-28 所示草图,单击"草图"工具栏中的"快速修剪" 图标,

图 3-25　创建连杆小端孔

对草图进行修剪,修剪后单击"关闭"按钮退出修剪命令,结果如图 3-29 所示。

图 3-26　"创建草图"对话框(二)

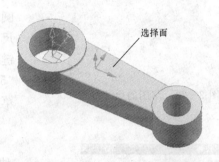

图 3-27　在连杆柄上平面创建草图

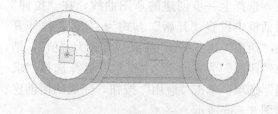

图 3-28　用圆和直线命令绘制草图

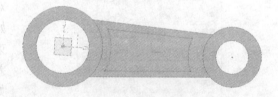

图 3-29　修剪后的草图

2. 草图约束

几何约束:单击"草图工具"工具栏中的"约束" 图标,弹出"约束"对话框,按图 3-30 所示用鼠标在绘图区选择草图直线和连杆柄外侧棱边,则"约束"对话框变为如图 3-31 所示,单击对话框中的"平行" 图标,完成草图直线与棱边之间的平行约束,用同样的方法完成另一侧的平行约束。

继续选择如图 3-30 所示的草图圆弧和圆柱边缘,"约束"对话框变为图 3-32 所示,单击对话框中的"同心" 图标,完成草图圆弧的同心约束,运用同样的方法完成另一侧圆弧的同心约束。

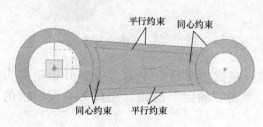

图 3-30　添加约束

图 3-31　"约束"对话框（一）

图 3-32　"约束"对话框（二）

尺寸约束：单击"草图工具"工具栏中的"自动判断尺寸"图标，按图 3-33 所示用鼠标选择两条平行直线，在适当位置单击放置尺寸，在弹出的尺寸表达式中输入"10"，按 Enter 键；继续用鼠标选择左侧大圆弧，在适当位置单击放置尺寸，在弹出的尺寸表达式中输入圆弧半径"70"，按 Enter 键；用同样的方法标注右侧小圆弧半径"55"，按 Enter 键。单击 完成草图 按钮，退出草图模式。

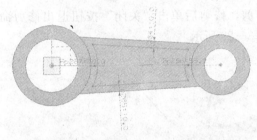

图 3-33　草图的尺寸约束

3.1.8　创建凹槽

选择菜单命令"插入"→"设计特征"→"拉伸"，或者单击"特征"工具栏中的"拉伸"图标，弹出如图 3-34 所示的"拉伸"对话框，选择上一步创建的草图曲线，在"拉伸"对话框中设置"开始"方式为"值"，拉伸开始"距离"为"0"，"结束"方式为"值"，结束"距离"为"－6"，"布尔"运算选择"求差"选项，单击"应用"按钮，完成凹槽创建如图 3-35 所示。

图 3-34　"拉伸"对话框（二）

图 3-35　凹槽的创建

用同样的操作方法创建连杆另一面的凹槽，在拉伸对话框中重新设置开始距离为"－44"结束距离为"－50"，其他选项同上，单击"确定"按钮，完成另一面凹槽的创建。

3.1.9　孔边缘倒斜角

单击"特征操作"工具栏中的"倒斜角"图标，弹出如图 3-36 所示"倒斜角"对话框，设置"横截面"选项为"对称"，倒角"距离"为"3"用鼠标在绘图区选择两个孔的四条边，则显示倒角的预览，如图 3-37 所示，单击"确定"按钮完成孔倒角操作。

图 3-36 "倒斜角"对话框

图 3-37 连杆孔倒角

3.1.10 连杆倒圆角

1. 连杆柄凹槽倒圆角

选择菜单命令"插入"→"细节特征"→"边倒圆"，或者单击"特征操作"工具栏中的"边倒圆" ▓ 图标，系统弹出如图 3-38 所示的"边倒圆"对话框，对话框中"Radius"输入框输入圆角半径"4"，在绘图区中依次选择连杆正反两面凹槽的四条底边，则显示倒圆角预览，如图 3-39 所示，单击"应用"按钮完成凹槽倒圆角。

图 3-38 "边倒圆"对话框

图 3-39 凹槽倒圆角

2. 连杆圆柱面与连杆柄侧面的连接处倒圆角

在"边倒圆"对话框中，重新设置圆角半径为"8"，用鼠标选择图 3-40 所示的连杆圆柱面与连杆柄侧面的连接处，单击"确定"按钮，完成倒圆角操作，用同样的方法对另一侧边倒圆角操作，完成图 3-40 所示的连杆模型。

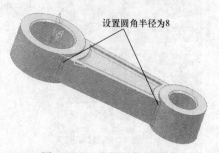

图 3-40 连杆零件的创建

3.2 任务 2: 端盖建模

创建如图 3-41 所示端盖的模型。

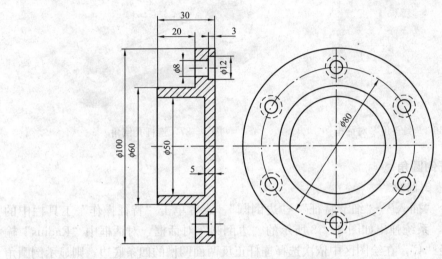

图 3-41 端盖零件图

3.2.1 创建端盖底板

启动 UG NX 6.0 软件, 在软件初始界面单击左上角的"新建" 按钮, 在弹出的"新建"对话框中选择新建模型, 在"新文件名"下方的"名称"输入框输入"duan_gai", 在"文件夹"输入框输入"F:\UG_FILE\", 单击"确定"按钮关闭对话框, 则新建一个模型文件。

选择菜单命令"插入"→"设计特征"→"圆柱体", 或者单击"特征"工具栏中的"圆柱" 图标, 弹出如图 3-42 所示的"圆体"对话框, 在对话框中设置"类型"选项为"轴、直径和高度", 在"指定矢量"选项中选择 Z 轴正方向, 设置"直径"为"100", "高度"为"10", 单击"指定点"选项中的 图标, 在弹出的"点"对话框中设置"XC"、"YC"、"ZC"坐标分别为"0"、"0"、"0", 单击"确定"按钮, 系统返回到"圆柱"对话框, 单击"应用"按钮, 创建如图 3-43 所示的端盖底板。

图 3-42 "圆柱"对话框 (一)

图 3-43 创建端盖底板

3.2.2 创建端盖凸台

在图 3-44 所示"圆柱"对话框中重新设置"直径"为"60","高度"为"30","布尔"选项为"求和"方式,单击"应用"按钮,创建如图 3-45 所示凸台。

图 3-44 "圆柱"对话框(二)

图 3-45 创建端盖凸台

3.2.3 创建端盖内孔

在图 3-46 所示"圆柱"对话框中重新设置"直径"为"50","高度"为"25","布尔"选项为"求差",单击"指定点"选项的 图标,系统弹出如图 3-47 所示"点"对话框,输入"XC"、"YC"、"ZC"的坐标分别为"0"、"0"、"5",单击"确定"按钮,返回"圆柱"对话框,再次单击"确定"按钮创建端盖内孔,如图 3-48 所示。

图 3-46 "圆柱"对话框(三)

图 3-47 "点"对话框(一)

图 3-48 创建端盖内孔

3.2.4 创建端盖安装孔

选择菜单命令"插入"→"设计特征"→"孔",或者单击"特征"工具栏中的"孔" 图标,系统弹出如图 3-49 所示"孔"对话框,设置"类型"选项为"常规孔","成形"选项为"沉头孔","沉头孔直径"为"12","沉头孔深度"为"3","直径"为"8","深度限制"为"贯通体",设置"布尔"选项为"求差",用鼠标单击"指定点"选项中的 图标,系统弹出如图 3-50 所示的"创建草图"对话框。

图 3-49 "孔"对话框

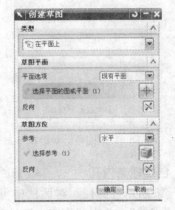

图3-50 "创建草图"对话框

用鼠标在绘图区中选择如图 3-51 所示的端盖实体面,单击"确定"按钮,系统进入草图模式,并弹出如图 3-52 所示的"点"对话框,在对话框中设置"XC"、"YC"、"ZC"坐标分别为"40"、"0"、"0",单击"确定"按钮,系统在实体面上创建一个点,单击对话框的"取消"按钮关闭"点"对话框,单击 完成草图 图标,系统返回到"孔"对话框,同时在绘图区中可以预览所创建的沉头孔,单击"确定"按钮,完成孔的创建,如图 3-53 所示。

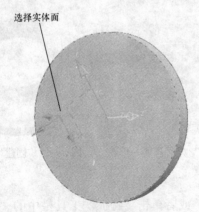

图 3-51 选择实体面

图 3-52 "点"对话框(二)

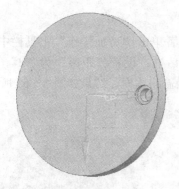

图 3-53 创建单个沉头孔

图 3-54 "实例"对话框（一）

3.2.5 孔阵列

选择菜单命令"插入"→"关联复制"→"实例特征"，或者单击"特征操作"工具栏中的"实例特征" 图标，系统弹出如图 3-54 所示的"实例"对话框，选择"圆形阵列"选项，则对话框变为图 3-55 所示，选择列表中的"沉头孔"选项，单击"确定"按钮，对话框变为图 3-56 所示，设置"方法"选项为"常规"，输入"数字"为"6"，"角度"为"60"，单击"确定"按钮，系统弹出如图 3-57 所示对话框，单击"基准轴"选项，系统弹出如图 3-58 所示"选择一个基准轴"对话框，用鼠标在绘图区选择坐标系 Z 轴，系统弹出如图 3-59 所示"创建实例"对话框，选择"是"选项，完成孔的阵列，如图 3-60 所示，系统返回"实例"对话框，单击"取消"按钮关闭对话框。

图 3-55 "实例"对话框（二）

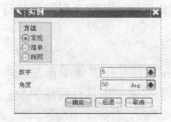

图 3-56 "实例"对话框（三）

图 3-57 "实例"对话框（四）

图 3-58 "选择一个基准轴"对话框

图 3-59 "创建实例"对话框

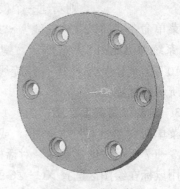

图 3-60 孔的阵列

3.2.6　倒角操作

选择菜单命令"插入"→"细节特征"→"倒斜角",或者单击"特征操作"工具栏中"倒斜角" 图标,系统弹出如图 3-61 所示"倒斜角"对话框,设置"距离"为"2",选择图 3-62 所示的边进行倒角,单击"确定"按钮,完成端盖的建模,结果如图 3-63 所示。

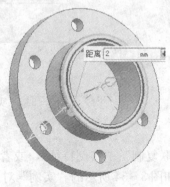

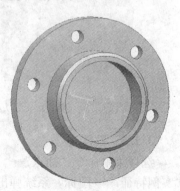

图 3-61　"倒斜角"对话框　　　图 3-62　选择倒角边　　　图 3-63　端盖模型

3.3　任务 3:弹簧建模

弹簧是机械结构中常用的零件,运用螺旋线和扫掠特征创建如图 3-64 所示弹簧,弹簧直径为"60",螺距为"10",匝数为"8",弹簧丝直径为"5"。

3.3.1　弹簧造型分析

根据弹簧结构的特点,弹簧在造型过程中首先要创建螺旋线,然后绘制圆形草图截面,用该截面以螺旋线为引导线进行扫掠来创建弹簧。

3.3.2　创建螺旋线

启动 UG NX 6.0 软件,在软件初始界面单击左上角的"新建" 按钮,在弹出的"新建"对话框中选择新建模型,在"新文件名"下方的"名称"输入框输入"tan_huang",在"文件夹"输入框输入"F:\UG_FILE\",单击"确定"按钮关闭对话框,则新建一个模型文件。

图 3-64　弹簧

选择菜单命令"插入"→"曲线"→"螺旋线",或者单击"曲线"工具栏中的"螺旋线" 图标,系统弹出如图 3-65 所示"螺旋线"对话框,设置"弹簧"的圈数为"8","螺距"为"10","半径"为"30",螺旋线的旋向为"右手"方式,单击"确定"按钮创建如图 3-66 所示的螺旋线。

3.3.3　绘制弹簧截面草图

选择菜单命令"插入"→"草图",或者单击"特征"工具栏中的"草图" 图标,系统弹出如图 3-67 所示"创建草图"对话框,在对话框的"平面选项"中选择"现有平面"选项,同时用鼠标在绘图区选择 XC-ZC 平面,系统进入草图模式,单击"草图工具"工具栏中的"圆" 图标,用鼠标捕捉螺旋线的端点为圆心,绘制直径为"5"的圆,单击按钮，系统退出草图模式，结果如图 3-68 所示。

图 3-65 "螺旋线"对话框

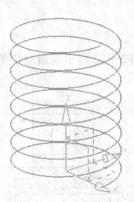

图 3-66 创建螺旋线

图 3-67 "创建草图"对话框

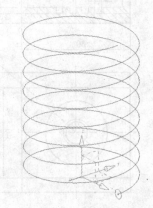

图 3-68 绘制截面草图

3.3.4 沿引导线扫掠创建弹簧

选择菜单命令"插入"→"设计特征"→"沿引导线扫掠"，或者单击"特征"工具栏中的"沿引导线扫掠" 图标，系统弹出如图 3-69 所示"沿引导线扫掠"对话框，用鼠标在绘图区选择上一步所绘制的圆，然后按图 3-70 所示单击对话框中"引导线"选项下的"选择曲线"按钮，再用鼠标选择螺旋线，单击"确定"按钮，完成弹簧扫掠实体的创建，如图 3-71 所示。

图 3-69 "沿引导线扫掠"对话框（一）

图 3-70 "沿引导线扫掠"对话框（二）

图 3-71 弹簧的创建

3.4　任务 4：虎钳滑块建模

创建如图 3-72 所示虎钳滑块的模型。

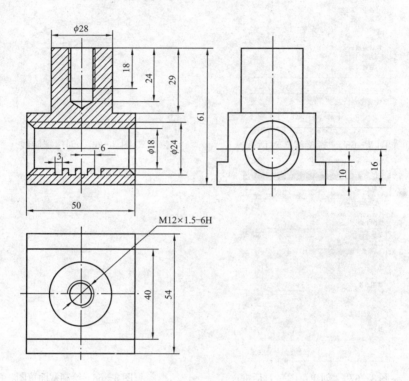

图 3-72　滑块零件图

3.4.1　滑块造型分析

虎钳滑块形体由长方体、圆柱体和孔组成，在造型时，首先通过创建底部长方体作为基本体，在此基础上，运用垫块、凸台、孔、螺纹等功能创建其他辅助特征，其中矩形螺纹造型需要运用草图和扫掠功能。

3.4.2　创建滑块底部长方体

启动 UG NX 6.0 软件，在软件初始界面单击左上角的"新建" 按钮，在弹出的"新建"对话框中选择新建模型，在"新文件名"下方的"名称"输入框输入"hua_kuai"，在"文件夹"输入框输入"F:\UG_FILE\"，单击"确定"按钮关闭对话框，则新建一个模型文件。

选择菜单命令"插入"→"设计特征"→"长方体"，或者单击"特征"工具栏中的"长方体" 图标，系统弹出如图 3-73 所示"长方体"对话框，在对话框中设置长方体的"长度"、"宽度"、"高度"分别为"54"、"50"、"10"，单击"指定点"选项中的 图标，在弹出的"点"对话框中设置"XC"、"YC"、"ZC"坐标为"0"、"0"、"0"，单击"确定"按钮返回"长方体"对话框，再次单击"确定"按钮，创建如图 3-74 所示的长方体。

图 3-73 "长方体"对话框

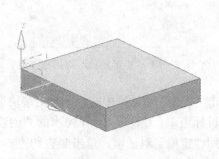

图 3-74 创建长方体

3.4.3 创建垫块

选择菜单命令"插入"→"设计特征"→"垫块",或者单击"特征"工具栏上的"垫块"图标,系统弹出如图 3-75 所示"垫块"对话框,选择"矩形"选项,系统又弹出如图 3-76 所示"矩形垫块"对话框,系统提示选择平面放置面,用鼠标选择图 3-77 所示的实体面,系统弹出如图 3-78 所示"水平参考"对话框,系统提示选择水平参考,选择图 3-77 所示的边为水平参考,系统弹出如图 3-79 所示"矩形垫块"对话框,设置"长度"、"宽度"、"高度"分别为"40"、"50"、"22",单击"确定"按钮,系统弹出如图 3-80 所示"定位"对话框。

图 3-75 "垫块"对话框

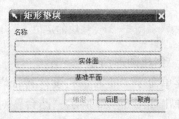

图 3-76 "矩形垫块"对话框（一）

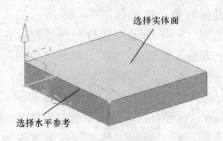

图 3-77 选择实体面和水平参考

图 3-78 "水平参考"对话框

图 3-79　"矩形垫块"对话框（二）

图 3-80　"定位"对话框（一）

单击"定位"对话框中的 图标对垫块进行水平定位，根据系统提示依次选择如图 3-81 所示的目标边 1、刀具边 1，在弹出的"创建表达式"输入框中输入"7"，单击"确定"按钮，返回"定位"对话框；单击竖直约束 图标，根据系统提示依次选择如图 3-81 所示的目标边 2、刀具边 2，在弹出的"创建表达式"输入框中输入"0"，单击"确定"按钮，返回"定位"对话框；再次单击"定位"对话框中的"确定"按钮，返回"垫块"对话框，单击"取消"按钮关闭对话框，完成矩形垫块的创建，如图 3-82 所示。

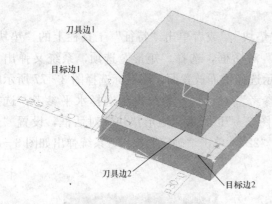

图 3-81　垫块的定位

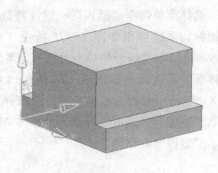

图 3-82　创建垫块

3.4.4　创建圆形凸台

选择菜单命令"插入"→"设计特征"→"凸台"，或者单击"特征"工具栏中的"凸台" 图标，弹出如图 3-83 所示"凸台"对话框，系统提示选择平面放置面，在对话框中设置"直径"、"高度"、"锥角"分别为"28"、"29"、"0"，按图 3-84 所示在绘图区选择垫块上表面为凸台放置面，单击"确定"按钮，系统弹出如图 3-85 所示"定位"对话框。

图 3-83　"凸台"对话框

单击 图标，弹出"水平参考"对话框，系统提示选择水平参考，选择如图 3-86 所示的边为水平参考，系统提示选择目标对象，选择如图 3-86 所示的水平目标边，系统弹出图 3-87 所示"定位"对话框，在"当前表达式"右下方输入框输入"20"，单击"应用"按钮完成水平方向定位。

单击 图标进行竖直方向定位，根据系统提示，用鼠标选择图 3-86 所示的竖直目标边，系统弹出图 3-87 所示"定位"对话框，在"当前表达式"右下方输入框输入"25"，单击"确定"按钮完成凸台定位。

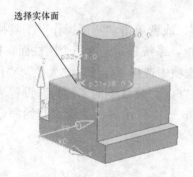

图 3-84　创建凸台

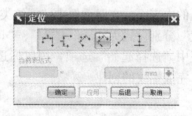

图 3-85　"定位"对话框（二）

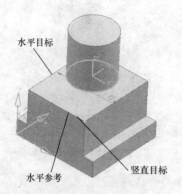

图 3-86　凸台的定位

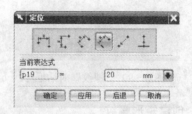

图 3-87　"定位"对话框（三）

3.4.5　创建螺纹孔

1. 创建螺纹底孔

选择菜单命令"插入"→"设计特征"→"孔"，或者单击"特征"工具栏中的"孔" 图标，系统弹出如图 3-88 所示"孔"对话框，选择"类型"为"常规孔"，"孔方向"为"垂直于面"，在"形状和尺寸"选项下，选择"成形"选项为"简单"方式，"直径"、"深度"、"尖角"分别为"10.5"、"24"、"0"，然后用鼠标在绘图区中捕捉凸台上表面的圆心，单击对话框中的"确定"按钮完成孔的创建，如图 3-89 所示。

图 3-88　"孔"对话框（一）

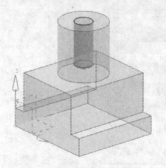

图 3-89　创建螺纹底孔

2. 创建螺纹

选择菜单命令"插入"→"设计特征"→"螺纹"，或者单击"特征操作"工具栏中的"螺纹" ▨ 图标，弹出如图 3-90 所示"螺纹"对话框，系统提示选择一个圆柱面，按图 3-91 所示选择孔的内表面，在对话框中"螺纹类型"选项中选择"详细"，"大径"、"长度"、"螺距"、"角度"分别设置为"12"、"24"、"1.5"、"60"，螺纹旋向"旋转"设置为"右手"，单击对话框中"选择起始"选项，用鼠标选择图 3-91 所示的面为螺纹起始面，单击"确定"按钮，完成螺纹的创建。

图 3-90　"螺纹"对话框

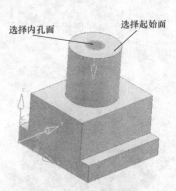

图 3-91　螺纹创建

3.4.6　创建矩形螺纹

1. 创建底孔

选择菜单命令"插入"→"设计特征"→"孔"，或者单击"特征"工具栏中的"孔" ▨ 图标，弹出如图 3-92 所示"孔"对话框，设置"类型"为"常规孔"，"成形"选项为"简单"，"直径"为"18"，"深度限制"方式为"贯通体"，"布尔"运算方式为"求差"，按图 3-93 所示选择滑块的侧面为孔的放置面，弹出如图 3-94 所示"点"对话框并进入草图模式，在对话框中设置"XC"、"YC"、"ZC"坐标为"0"、"0"、"0"，单击"确定"按钮，完成孔位点的创建，单击"取消"按钮关闭对话框，单击 ▨ 完成草图 图标退出草图模式，在绘图区中可以预览所创建的孔如图 3-93 所示，单击"确定"按钮，完成孔的创建，结果如图 3-95 所示。

图 3-92　"孔"对话框（二）

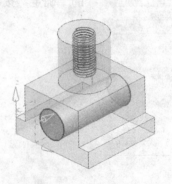

图 3-93　创建滑块通孔

图 3-94 "点"对话框（一）

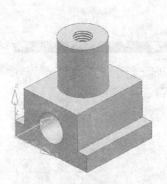

图 3-95 创建通孔

2. 孔倒角

选择菜单命令"插入"→"细节特征"→"倒斜角"，或者单击"特征操作"工具栏中的"倒斜角" 图标，系统弹出如图 3-96 所示"倒斜角"对话框，设置"横截面"为"对称"方式，倒角"距离"为"3"，按图 3-97 所示选择孔的两条边线，单击"确定"按钮完成孔的倒角操作。

图 3-96 "倒斜角"对话框

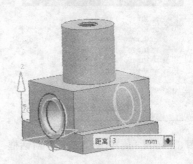

图 3-97 倒斜角

3. 创建用户坐标系

（1）平移坐标原点创建用户坐标系，选择菜单命令"格式"→"WCS"→"原点"，或者单击"实用工具"工具栏中的"WCS 原点" 图标，系统弹出如图 3-98 所示"点"对话框，用鼠标捕捉图 3-99 所示圆心，单击"确定"按钮，完成坐标原点的平移操作。

（2）坐标轴的旋转。选择菜单命令"格式"→"WCS"→"旋转"，或者单击"实用工具"工具栏中的"旋转 WCS" 图标，系统弹出如图 3-100 所示"旋转 WCS 绕…"对话框，选择 ZC→YC 旋转方式，完成 Z 轴向 Y 轴旋转 90°，如图 3-101 所示。

4. 创建螺旋线

选择菜单命令"插入"→"曲线"→"螺旋线"，或者单击"曲线"工具栏中的"螺旋线" 图标，系统弹出如图 3-102 所示"螺旋线"对话框，设置"圈数"、"螺距"、"半径"分别为"10"、"6"、"9"，螺纹"旋转方向"为"右手"，单击对话框中"点构造器"选项，弹出如图 3 - 103 所示"点"对话框，设置"XC"、"YC"、"ZC"坐标为"0"、"0"、"-5"，单击"确定"按钮返回"螺旋线"对话框，再次单击"确定"按钮创建如图 3 - 104 所示的螺旋线。

图 3 - 98 "点"对话框（二）

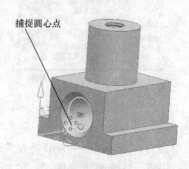

图 3 - 99 移动坐标原点到孔中心

图 3 - 100 "旋转 WCS 绕…"对话框

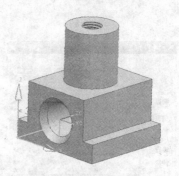

图 3 - 101 旋转坐标轴

图 3 - 102 "螺旋线"对话框

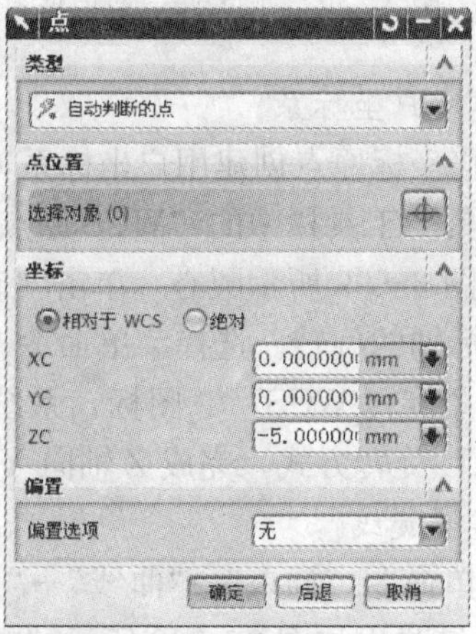

图 3 - 103 "点"对话框（三）

5. 绘制扫掠截面草图

选择菜单命令"插入"→"草图"，或者单击"特征"工具栏中的"草图" 图标，弹出"创建草图"对话框，选择图 3 - 104 所示的 XC - ZC 平面为草图绘制平面，单击"确定"按钮进入草图模式，以螺旋线端点为对称点，绘制如图 3 - 105 所示的矩形草图，长度为"3.5"，宽度为"3"，并用尺寸约束矩形外边线到螺旋线端点的距离为"3"，单击 图标，退出草图模式。

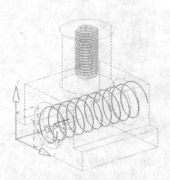

图 3 - 104　创建螺旋线

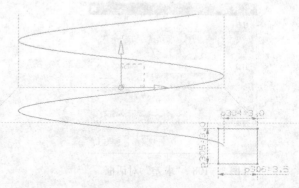

图 3 - 105　绘制草图

图 3 - 106　"扫掠"对话框

6. 扫掠创建矩形螺纹

选择菜单命令"插入"→"设计特征"→"扫掠"，或者单击"曲面"工具栏上的"扫掠" 图标，弹出如图 3 - 106 所示"扫掠"对话框，系统提示选择截面曲线，用鼠标在绘图区选择已绘制的矩形草图，单击对话框中"引导线"下方的"选择曲线"选项，用鼠标在绘图区选择螺旋线作为引导线，设置"指定矢量"选项为 Z 轴正方向，单击"确定"按钮，完成矩形螺纹扫掠体的创建，如图 3 - 107 所示。

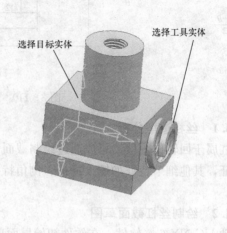

图 3 - 107　矩形螺纹的创建

7. 通过布尔运算创建矩形螺纹孔

选择菜单命令"插入"→"组合体"→"求差"，或者单击"特征操作"工具栏中的"求差"
图标，弹出如图 3-108 所示"求差"对话框，系统提示选择目标体，选择滑块为目标体，
选择新创建的矩形螺旋体为工具体，单击对话框中"确定"按钮，完成矩形螺纹孔的创建，
结果如图 3-109 所示。至此完成了滑块的建模。

图 3-108 "求差"对话框

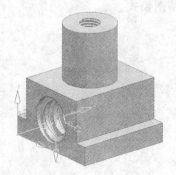

图 3-109 滑块模型

3.5 任务 5：虎钳丝杠建模

丝杠是虎钳结构中的一个重要零件，通过其转动带动活动钳口运动，从而实现虎钳的夹
紧与松开的动作。运用成形特征建模方法创建图 3-110 所示丝杠实体模型。

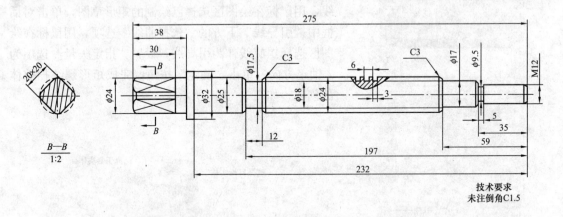

图 3-110 丝杠零件图

3.5.1 丝杠造型分析

丝杠属于回转体零件，可以通过绘制截面草图，再对草图进行旋转建模来创建丝杠模型
主体特征，其他细节特征如螺纹特征、倒角特征、平面特征可以通过成形特征和特征操作来
创建。

3.5.2 绘制丝杠截面草图

启动 UG NX 6.0 软件，在软件初始界面单击左上角的"新建" 按钮，在弹出的"新
建"对话框中选择新建模型，在"新文件名"下方的"名称"输入框输入"si_gang"，在

"文件夹"输入框输入"F:\UG_FILE\",单击"确定"按钮关闭对话框,则新建一个模型文件。

选择菜单命令"插入"→"草图",或者单击"特征"工具栏上的"草图" ⊞ 图标,弹出如图 3-111 所示"创建草图"对话框,在"类型"选项中选择"在平面上",在"平面选项"中选择"现有平面",在绘图区中用鼠标选择图 3-112 所示 YC-ZC 平面,单击"确定"按钮,系统进入草图模式。

图 3-111 "创建草图"对话框

图 3-112 选择草图平面

在草绘模式下,运用直线命令绘制丝杠回转截面草图,然后运用草图尺寸约束功能对草图进行尺寸约束,创建如图 3-113 所示的草图,单击 完成草图 按钮,系统退出草图模式。

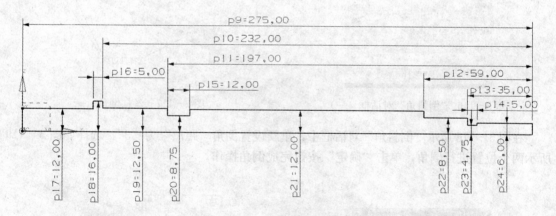

图 3-113 丝杠回转截面草图

3.5.3 通过草图旋转创建模型主体

选择菜单命令"插入"→"设计特征"→"回转",或者单击"特征"工具栏中的"回转" 图标,弹出如图 3-114 所示"回转"对话框,用鼠标在绘图区中选择上一步绘制的草图,设置"指定矢量"方向为 Y 轴正方向,在"指定点"选项中,用鼠标捕捉坐标原点,在"限制"选项中,选择"开始"方式为"值"、"角度"为"0"、"结束"方式为"值"、"角度"为"360",单击"确定"按钮,完成回转体创建,如图 3-115 所示。

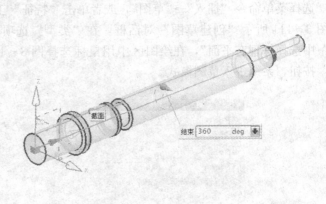

图 3-114　"回转"对话框　　　　　　　　　图 3-115　回转体创建

3.5.4　运用倒角命令对丝杠进行倒角

选择菜单命令"插入"→"细节特征"→"倒斜角",或者单击"特征操作"工具栏中的"倒斜角" 图标,弹出如图 3-116 所示"倒斜角"对话框,"横截面"选项选择"对称"方式,倒角"距离"为"1.5",用鼠标选择图 3-117 中所示的边线进行倒角,单击"应用"按钮,完成图示位置倒角。

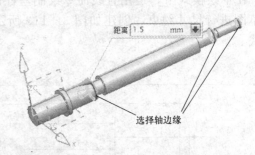

图 3-116　"倒斜角"对话框（一）　　　　　图 3-117　丝杠倒角

在图 3-118 所示"倒斜角"对话框中,重新设置倒角"距离"为"3",选择如图 3-119 所示两个位置进行倒角,单击"确定"按钮完成倒角操作。

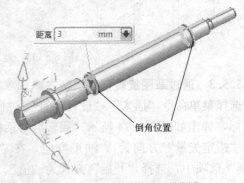

图 3-118　"倒斜角"对话框（二）　　　　　图 3-119　丝杠螺纹两端倒角

3.5.5 创建轴头平面

1. 创建草图

选择菜单命令"插入"→"草图",或者单击"特征"工具栏上的"草图"图标,弹出"创建草图"对话框,用鼠标选择 YC - ZC 平面为草图绘制平面,单击"确定"按钮进入草图模式,用矩形命令和尺寸约束功能绘制如图3-120所示草图,单击 完成草图 图标,系统退出草图模式。

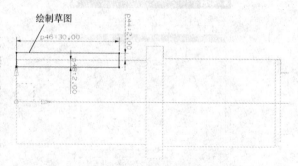

图3-120 丝杠端部的草图

2. 草图拉伸与布尔运算

选择菜单命令"插入"→"设计特征"→"拉伸",或者单击"特征"工具栏上的"拉伸"图标,弹出如图3-121所示的"拉伸"对话框,用鼠标在绘图区中选择上一步所创建的草图,在对话框中,设置"结束"选项为"对称值","距离"为"10","布尔"运算方式为"求差"方式,单击"确定"按钮完成轴端平面的创建,如图3-122所示。

图3-121 "拉伸"对话框

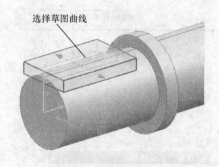

图3-122 草图拉伸

3.5.6 平面特征的阵列

选择菜单命令"插入"→"关联复制"→"实例特征",或者单击"特征操作"工具栏中的"实例特征"图标,弹出如图3-123所示"实例"对话框,选择"圆形阵列"选项,系统弹出图3-124所示"实例"对话框,用鼠标选择如图3-125所示的平面,单击"确定"按钮,系统弹出图3-126所示"实例"对话框。

在"实例"对话框中设置"方法"选项为"常规",阵列的"数字"为"4",阵列的"角度"为"90",单击"确定"按钮,系统弹出图3-127所示"实例"对话框,单击"基准轴"选项,系统弹出如图3-128所示"选择一个基准轴"对话框,按图3-129所示用鼠标在绘图区选择 Y 轴,系统弹出如图3-130所示"创建实例"对话框,选择"是"选项,完成丝杠端部平面的阵列操作,结果如图3-131所示。再次单击"取消"按钮关闭对话框。

图3-123 "实例"对话框(一)

图 3-124　"实例"对话框（二）

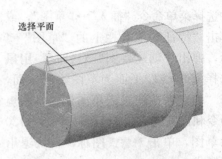

图 3-125　选择创建的平面

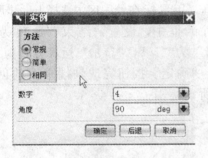

图 3-126　"实例"对话框（三）

图 3-127　"实例"对话框（四）

图 3-128　"选择一个基准轴"对话框

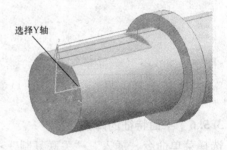

图 3-129　选择阵列基准轴

图 3-130　"创建实例"对话框

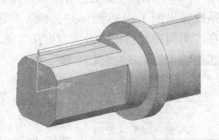

图 3-131　平面特征的阵列

3.5.7 创建丝杠矩形螺纹

1. 创建新坐标系

选择菜单命令"格式"→"WCS"→"原点",或者单击"实用工具"工具栏中的"WCS原点" 图标,弹出如图3-132所示"点"对话框,用鼠标捕捉图3-133所示丝杠位置的圆心,单击"确定"按钮,坐标系原点平移到该圆心点,移动后的坐标系如图3-134所示。

选择菜单命令"格式"→"WCS"→"旋转",或者单击"实用工具"工具栏中的"旋转WCS绕…"图标,系统弹出如图3-135所示"旋转WCS"对话框,选择ZC→YC选项,单击"确定"按钮,完成坐标系的旋转操作,如图3-136所示。

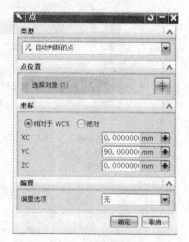

图3-132 "点"对话框(一)

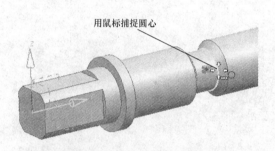

图3-133 用鼠标捕捉圆心点

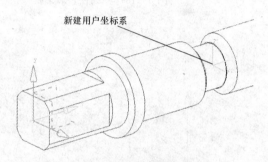

图3-134 移动原点创建新坐标系

图3-135 "旋转WCS绕…"对话框

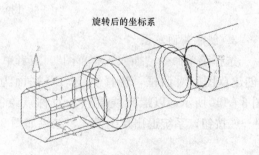

图3-136 对坐标系进行旋转

2. 创建螺旋线

选择菜单命令"插入"→"曲线"→"螺旋线",或者单击"曲线"工具栏中的"螺旋线" 图标,弹出如图3-137所示"螺旋线"对话框,在对话框中设置螺旋线的"圈数"为"22"、"螺距"为"6"、螺旋线的"半径"为"9"、"旋转方向"选择"右手"方向,单击对话框中的"点构造器"选项,系统弹出如图3-138所示"点"对话框,在对话框中设置"XC"、"YC"、"ZC"坐标分别为"0"、"0"、"-5",单击"确定"按钮,创建如图3-139所示的螺旋线。

图 3-137　"圆柱"对话框　　　　　图 3-138　"点"对话框（二）

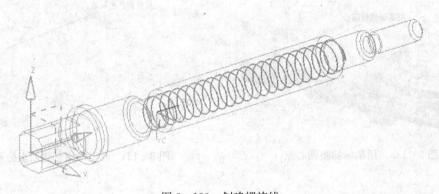

图 3-139　创建螺旋线

3. 创建截面草图

选择菜单命令"插入"→"草图"，或者单击"特征"工具栏中的"草图" 图标，弹出"创建草图"对话框，选择 XC-ZC 平面为草图绘制平面，系统进入草图绘制模式，如图 3-140 所示，以螺旋线端点为对称点绘制长度为"3.5"、宽度为"3"的矩形，单击 完成草图 按钮，系统退出草图模式，结果如图 3-141 所示。

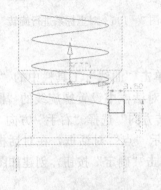

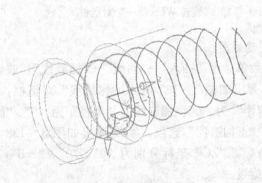

图 3-140　绘制矩形草图　　　　　　图 3-141　绘制矩形草图

4. 创建螺纹扫掠体

选择菜单命令"插入"→"设计特征"→"扫掠",或者单击"曲面"工具栏上的"扫掠" 图标,弹出如图 3-142 所示"扫掠"对话框,系统提示选择截面曲线,按图 3-143 所示选择矩形草图为截面曲线,用鼠标单击对话框中"引导线"选项下的"选择曲线"选项,然后用鼠标在绘图区中选择螺旋线为引导线,选择矢量方向为 Z 轴正方向,单击"确定"按钮,创建如图 3-144 所示的螺旋实体。

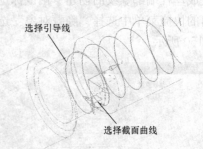

图 3-143 扫掠截面和引导线

图 3-142 "扫掠"对话框

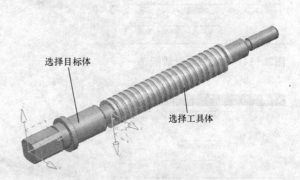

图 3-144 创建螺纹扫掠体

5. 通过布尔运算创建丝杠矩形螺纹

选择菜单命令"插入"→"组合体"→"求差",或者单击"特征操作"工具栏中的"求差" 图标,弹出如图 3-145 所示的"求差"对话框,根据系统提示选择图 3-144 所示丝杠实体为目标体,选择上一步所创建的螺旋实体为工具体,然后单击"确定"按钮,创建丝杠的矩形螺纹如图 3-146 所示。

图 3-145 "求差"对话框

图 3-146 创建矩形螺纹

3.5.8　创建轴头普通螺纹

选择菜单命令"插入"→"设计特征"→"螺纹",或者单击"特征操作"工具栏中的"螺纹" 图标,弹出如图 3-147 所示的"螺纹"对话框,系统提示选择一个圆柱面,用鼠标在绘图区中选择图 3-148 所示的圆柱面,在对话框中的"螺纹类型"选项中选择"详细"选项,设置"螺距"为"1.5",其他选项默认,单击"选择起始"选项,在绘图区中选择如图 3-148 所示的螺纹起始面,系统弹出如图 3-149 所示"螺纹"对话框,单击"确定"按钮,完成丝杠端部螺纹的创建。用鼠标选中螺旋线、坐标系、草图等对象,然后右击鼠标,在弹出的快捷菜单中选择"隐藏对象"选项,将所选对象隐藏,最终创建的丝杠实体模型如图 3-150 所示。

图 3-147　"螺纹"对话框（一）

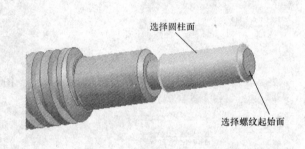

图 3-148　创建螺纹

图 3-149　"螺纹"对话框（二）

图 3-150　丝杠模型

3.6　任务 6：虎钳钳座建模

创建图 3-151 所示虎钳钳座的模型。

3.6.1　钳座造型分析

钳座属于组合体,模型主体可以通过绘制草图,然后进行拉伸来创建,中部的凹槽可以通过绘制草图再进行拉伸和布尔运算来创建,其他辅助特征主要通过凸台、孔、腔体、螺纹、边倒圆角、特征镜像等功能来实现。

3.6.2　虎钳底座主体模型创建

1.　创建基本体草图

启动 UG NX 6.0 软件,在软件初始界面单击左上角的"新建" 按钮,在弹出的"新建"对话框中选择新建模型,在"新文件名"下方的"名称"输入框输入"qian_zuo",在"文件

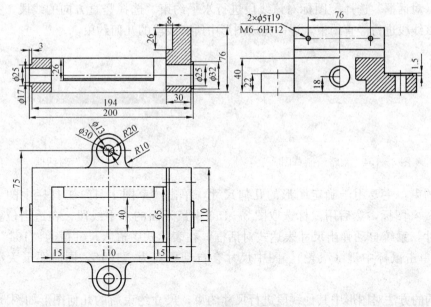

图 3－151　钳座零件图

夹"输入框输入"F:\UG_FILE\"，单击"确定"按钮关闭对话框，则新建一个模型文件。

选择菜单命令"插入"→"草图"，或者单击"特征"工具栏中的"草图" 图标，弹出如图 3－152 所示的"创建草图"对话框，在"类型"选项中选择"在平面上"，在"平面选项"中选择"现有平面"选项，按图 3－153 所示在绘图区选择 YC－ZC 平面，单击对话框中的"确定"按钮，系统进入草绘模式。

图 3－152　"创建草图"对话框（一）

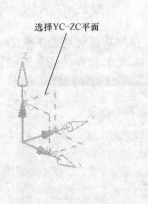

图 3－153　选择草图平面

单击"草图工具"工具栏中"直线" 图标，用鼠标大概绘制草图的形状如图 3－154 所示，然后运用草图的几何约束和尺寸约束功能来约束形状和尺寸。

2. 约束草图几何形状和尺寸

几何约束：主要是对图形元素的几何位置进行约束。单击"草图工具"工具栏中的"约束" 图标，然后用鼠标选取图 3－154 所示草图中的水平线段，系统弹出如图 3－155 所示的"约束"对话框，选择 图标对该线段进行水平约束。选择竖直方向的线段，并单击 按钮，对该线段进行竖直约束，逐一完成图形中所有线段的几何约束。

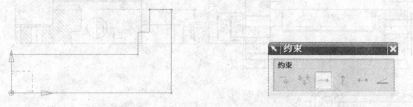

图 3-154　粗略绘制草图　　　　　　　　图 3-155　"约束"对话框

尺寸约束：主要用于确定图形的几何尺寸，单击"草图工具"工具栏中的"自动判断的尺寸" 图标，然后用鼠标选取图 3-156 中最下面的水平线段，在适当位置单击鼠标放置尺寸，系统自动弹出尺寸表达式对话框，在表达式中输入尺寸值为"194"，按 Enter 键或者单击鼠标中键（滚轮），图中尺寸会自动更新为"194"，同时图形大小也随之改变。

用相同的方法对图形中其他线段进行尺寸约束，尺寸约束后的几何图形如图 3-157 所示，单击 完成草图 按钮，系统退出草图模式，完成草图的绘制。

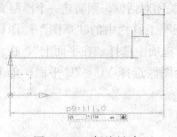　　　　　　

图 3-156　标注尺寸　　　　　　　　　图 3-157　草图尺寸约束

3. 拉伸草图创建主体模型

选择菜单命令"插入"→"设计特征"→"拉伸"，或者单击"特征"工具栏中的"拉伸" 图标，弹出如图 3-158 所示的"拉伸"对话框，在绘图区用鼠标选择图 3-159 所示的草图，在对话框"限制"选项下，选择"结束"方式为"对称值"方式，拉伸"距离"为"55"，其他选择默认选项，单击"确定"按钮完成草图拉伸，结果如图 3-160 所示。

3.6.3　钳座中部凹槽创建

1. 创建草图

选择菜单命令"插入"→"草图"，或者单击"特征"工具栏中的"草图" 图标，弹出如图 3-161 所示"创建草图"对话框，在"类型"选项中选择"在平面上"方式，在"平面选项"中选择"现有平面"选项，用鼠标在绘图区选择如图 3-162 所示的底座上表面，单击"确定"按钮，系统进入草绘模式。

图 3-158　"拉伸"对话框（一）

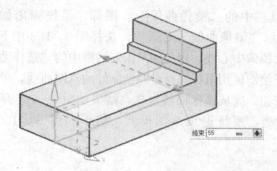

图 3-159 创建拉伸体

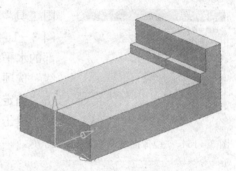

图 3-160 拉伸实体

图 3-161 "创建草图"对话框（二）

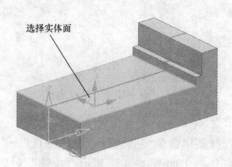

图 3-162 选择草图平面

用直线命令绘制以下大概图形，并对图形进行几何约束和尺寸约束，结果如图 3-163 所示。

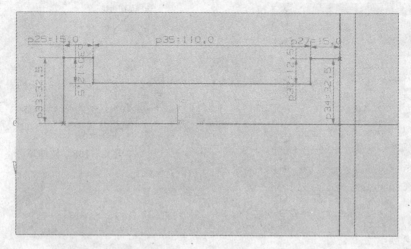

图 3-163 凹槽草图

2. 对所绘制的图形进行镜像

选择菜单命令"插入"→"来自曲线集的曲线"→"镜像曲线"，或者用鼠标单击"草

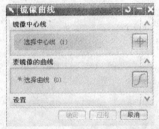

图 3-164 "镜像曲线"对话框

图工具"工具栏中的"镜像曲线"图标，系统弹出如图 3-164 所示"镜像曲线"对话框，选择图 3-163 中下部的水平线为镜像中心线，用鼠标单击对话框中的"选择曲线"选项，在绘图区用鼠标选择已经绘制好的草图曲线，单击"确定"按钮，完成镜像曲线操作，结果如图 3-165 所示。单击 ✕ 完成草图，系统退出草图模式，结果如图 3-166 所示。

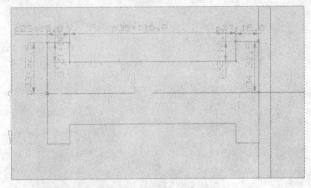

图 3-165 镜像曲线

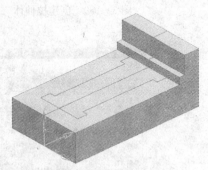

图 3-166 凹槽草图

3. 拉伸草图、创建凹槽

选择菜单命令"插入"→"设计特征"→"拉伸"，或者单击"特征"工具栏中的"拉伸"图标，弹出如图 3-167 所示"拉伸"对话框，按图 3-168 所示选择上一步创建的草图曲线，在"限制"选项中选择"开始"方式为"值"，"距离"为"0"，"结束"方式为"值"，"距离"为"-40"，并在"布尔"选项中选择"求差"方式，用鼠标在绘图区选择已创建的钳座实体，单击"确定"按钮，完成凹槽创建，效果如图 3-169 所示。

图 3-167 "拉伸"对话框（二）

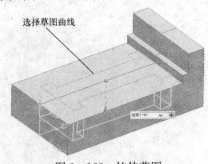

图 3-168 拉伸草图

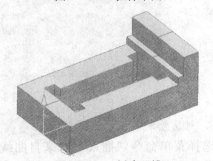

图 3-169 创建凹槽

3.6.4 钳座底部结构的创建

1. 创建腔体

选择菜单命令"插入"→"设计特征"→"腔体",或者单击"特征"工具栏中的"腔体"

图标,系统弹出如图3-170所示的"腔体"对话框,选择对话框中的"矩形"选项,又弹出如图3-171所示的"矩形腔体"对话框,系统提示选择平的放置面,用鼠标在绘图区选择如图3-172所示底面为腔体放置面,系统弹出如图3-173所示"水平参考"对话框,系统提示选择水平参考,按图3-174所示选择图中的凹槽侧边为水平参考,弹出如图3-175所示"矩形腔体"对话框。

图3-170 "腔体"对话框

在"矩形腔体"对话框中,设置"长度"、"宽度"、"深度"分别为"110""12.5""14",单击对话框中的"确定"按钮,创建的腔体初始位置如图3-176所示,弹出如图3-177所示"定位"对话框。

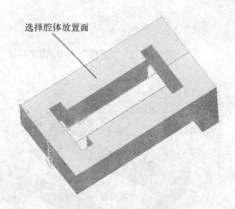

图3-172 选择腔体放置面

图3-171 "矩形腔体"对话框(一)

图3-173 "水平参考"对话框

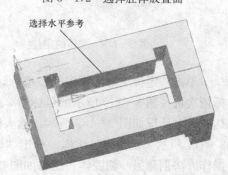

图3-174 选择水平参考

图3-175 "矩形腔体"对话框(二)

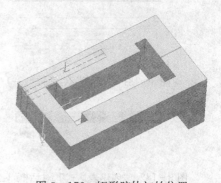

图3-176 矩形腔体初始位置

2. 腔体定位

在图 3 - 177 所示"定位"对话框中，单击水平定位图标，系统弹出如图 3 - 178 所示"水平"对话框，系统提示选择目标对象，用鼠标依次选择图 3 - 179 所示目标边 1、腔体长度方向中心线为刀具边 1，弹出"创建表达式"对话框如图 3 - 180 所示，设置尺寸为"55"，单击"确定"按钮，完成水平方向定位，又重新返回到图 3 - 177 所示"定位"对话框。

图 3 - 177 "定位"对话框（一）

图 3 - 178 "水平"对话框（一）

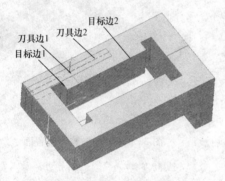

图 3 - 179 腔体的定位

图 3 - 180 "创建表达式"对话框（一）

单击"定位"对话框中的 图标，系统弹出如图 3 - 181 所示的"竖直"对话框，用鼠标依次选择图 3 - 179 所示的目标边 2、腔体宽度方向中心线为刀具边 2，系统弹出"创建表达式"对话框如图 3 - 182 所示，输入值为"6.25"，单击对话框的"确定"按钮，又返回图 3 - 177 所示"定位"对话框，单击"取消"按钮关闭对话框，完成腔体的创建。用同样的操作方法创建另一侧腔体，结果如图 3 - 183 所示。

图 3 - 181 "竖直"对话框（一）

图 3 - 182 "创建表达式"对话框（二）

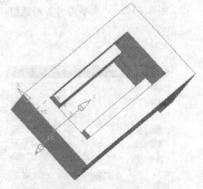

图 3 - 183 钳座底部腔体

3. 导轨倒斜角

选择菜单命令"插入"→"细节特征"→"倒斜角",或者单击"特征操作"工具栏中的"倒斜角"  图标,系统弹出如图 3-184 所示"倒斜角"对话框,在对话框中的"偏置"选项中,选择"横截面"为"对称"方式,"距离"为"1.5",用鼠标在绘图区中选择图 3-185 所示的倒角边,单击"确定"按钮,完成倒角的创建。

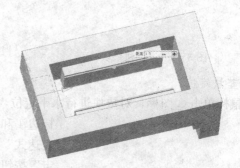

图 3-184　"倒斜角"对话框　　　　　　图 3-185　导轨倒斜角

3.6.5　钳座侧面垫块创建

1. 创建垫块

选择菜单命令"插入"→"设计特征"→"垫块",或者单击"特征"工具栏中的"垫块"  图标,系统弹出如图 3-186 所示的"垫块"对话框,选择"矩形"选项,系统弹出如图 3-187 所示"矩形垫块"对话框,系统提示选择平面放置面,用鼠标在绘图区中选择如图 3-188 所示的侧面,系统弹出如图 3-189 所示"矩形垫块"对话框,设置矩形垫块的"长度"、"宽度"、"高度"分别为"40"、"22"、"40",拐角半径和锥角均设置为"0",单击"确定"按钮创建如图 3-190 所示的垫块,同时系统弹出如图 3-191 所示的"定位"对话框。

图 3-186　"垫块"对话框　　　　　　图 3-187　"矩形垫块"对话框(一)

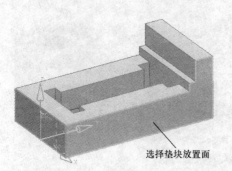

图 3-188　选择垫块放置面

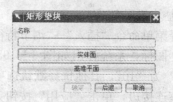

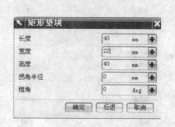

图 3-189　"矩形垫块"对话框(二)

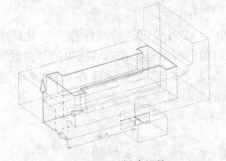

图 3-190　创建垫块

图 3-191　"定位"对话框（二）

2. 垫块定位

用鼠标单击 图标，对垫块进行水平定位，在绘图区中依次选择如图 3-192 所示的目

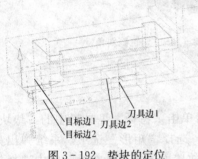

图 3-192　垫块的定位

标边 1 和刀具边 1，系统弹出如图 3-193 所示"创建表达式"对话框，在对话框中输入"94"，单击"确定"按钮完成水平定位，又返回"定位"对话框。

　　用鼠标单击 图标，根据系统提示，依次选择如图 3-192 中的目标边 2 和刀具边 2，系统弹出如图 3-194 所示"创建表达式"对话框，在对话框中输入"11"，单击"确定"按钮完成垫块的竖直定位，又返回"定位"对话框，单击"取消"按钮关闭对话框。

图 3-193　"创建表达式"对话框（三）

图 3-194　"创建表达式"对话框（四）

3. 垫块倒圆角

选择菜单命令"插入"→"细节特征"→"边倒圆"，或单击"特征操作"工具栏中的"边倒圆" 图标，系统弹出如图 3-195 所示"边倒圆"对话框，在对话框中设置圆角半径"Radius"为"10"，其他选择默认选项，用鼠标在绘图区中选择图 3-196 中所示的垫块两侧与底座连接边，单击"应用"按钮完成侧边倒圆角操作。

图 3-195　"边倒圆"对话框（一）

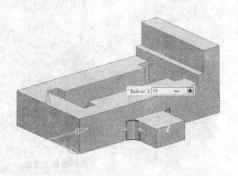

图 3-196　垫块内侧边倒圆角

重新按图 3-197 所示设置倒圆角半径为"20",对垫块的外侧进行倒圆角,用鼠标选择图 3-198 所示垫块外侧的两条竖边,单击"确定"按钮,完成垫块外侧倒圆角操作。

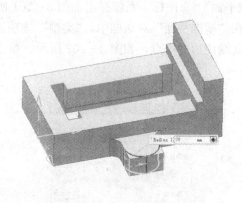

图 3-197　"边倒圆"对话框(二)　　　　　　　　图 3-198　垫块外侧边倒圆角

4. 创建垫块沉头孔

选择菜单命令"插入"→"设计特征"→"孔",或者单击"特征"工具栏中的"孔" 图标,系统弹出如图 3-199 所示"孔"对话框,在对话框中"类型"选项选择"常规孔",在"形状和尺寸"下拉列表框中,"成形"选择"沉头孔",设置"沉头孔直径"为"30","沉头孔深度"为"1.5","直径"为"13","深度限制"选择"值"方式,设置深度值为"22","布尔"运算选择"求差"方式,其他选项选择默认值,用鼠标捕捉垫块外边圆弧的中心,单击"确定"按钮创建沉头孔如图 3-200 所示。

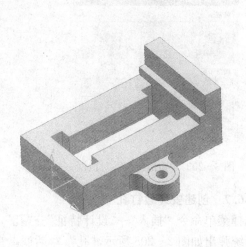

图 3-199　"孔"对话框(一)　　　　　　　　图 3-200　创建沉头孔

3.6.6　镜像垫块

1. 创建基准面

选择菜单命令"插入"→"基准/点"→"基准平面"，或者单击"特征操作"工具栏中的"基准平面"□图标，系统弹出如图 3-201 所示"基准平面"对话框。

在"基准平面"对话框中，"类型"选项选择"自动判断"方式，用鼠标在绘图区捕捉钳座前端棱边的中点，如图 3-202 所示，单击"确定"按钮完成基准平面创建。

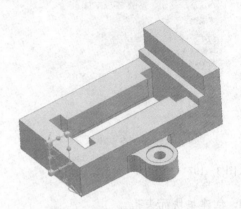

图 3-201　"基准平面"对话框　　　　　图 3-202　创建基准平面

2. 镜像特征

选择菜单命令"插入"→"关联复制"→"镜像特征"，或者单击"特征操作"工具栏中的"镜像特征"图标，系统弹出如图 3-203 所示的"镜像特征"对话框，在绘图区中用鼠标选择已经创建好的垫块（包括垫块、圆角、孔特征），在对话框中单击"选择平面"选项，选择上一步创建的基准面，单击"确定"按钮，完成特征镜像操作，结果如图 3-204 所示。

图 3-203　"镜像特征"对话框　　　　　图 3-204　镜像特征

3.6.7　创建安装螺钉孔

选择菜单命令"插入"→"设计特征"→"孔"，或者单击"特征"工具栏中的"孔"图标，系统弹出如图 3-205 所示"孔"对话框，在"类型"选项中选择"螺纹孔"，在"形状和尺寸"选项中，设置螺纹规格"size"为"M6×1.0"，"丝锥直径"为"5.2"，"螺纹深

图 3-205 "孔"对话框（二）

度"为"9"，"深度限制"为"值"方式，"深度"为"12"，"尖角"为"118"，"布尔"运算选择"求差"方式，用鼠标选择图3-206所示钳口实体面，系统弹出如图3-207所示的"点"对话框，在对话框中输入"XC"、"YC"、"ZC"坐标为"-38"、"0"、"0"，单击"确定"按钮，再次按图3-208所示输入"XC"、"YC"、"ZC"坐标为"38"、"0"、"0"，单击"确定"按钮，创建两个螺纹孔中心点，单击对话框中的"取消"按钮返回"孔"对话框，单击"确定"按钮完成螺纹孔创建。

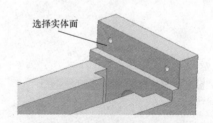

选择实体面

图 3-206 选择螺纹放置面

图 3-207 "点"对话框（一）

图 3-208 "点"对话框（二）

3.6.8　钳座前后圆形凸台创建

1. 创建前部凸台

选择菜单命令"插入"→"设计特征"→"凸台"，或者单击"特征"工具栏中的"凸台" 图标，系统弹出如图 3-209 所示的"凸台"对话框，用鼠标选择图 3-210 所示的虎钳前端面为凸台放置面，设置凸台"直径"为"25"、凸台"高度"为"3"、"锥角"为"0"，单击"确定"按钮，系统弹出如图 3-211 所示"定位"对话框。

单击 按钮，弹出如图 3-212 所示"水平参考"对话框，系统提示选择水平参考，用鼠标选择图 3-213 所示的底边为水平参考，弹出如图 3-214 所示"水平"对话框，系统提

图 3-209　"凸台"对话框

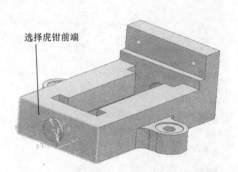

图 3-210　创建凸台

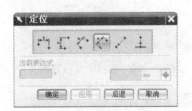

图 3-211　"定位"对话框（三）

图 3-212　选择水平参考

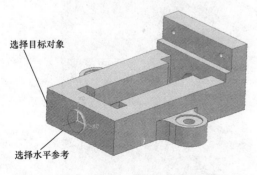

图 3-213　选择水平参考及目标对象

图 3-214　"水平"对话框（二）

示选择目标对象，选择图 3-213 所示的竖边为目标对象，系统弹出如图 3-215 所示"定位"对话框，在对话框中输入水平定位尺寸"55"，单击"应用"按钮，完成凸台水平定位，返回图 3-211 所示的"定位"对话框。单击 图标，系统弹出如图 3-216 所示"竖直"对话框，系统提示选择目标对象，用鼠标选择图 3-217 所示的虎钳底边为目标边，弹出如图 3-218 所示"定位"对话框，输入定位尺寸"18"，单击"确定"按钮，完成凸台竖直定位。单击对话框的"取消"按钮关闭对话框。

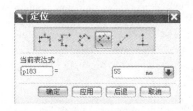

图 3-215 "定位"对话框（四）

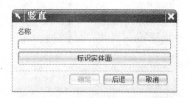

图 3-216 "竖直"对话框（二）

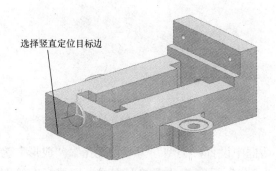

选择竖直定位目标边

图 3-217 选择竖直定位目标边

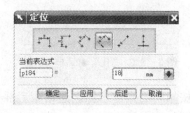

图 3-218 "定位"对话框（五）

2. 后部凸台的创建

按相同的操作步骤创建钳座后部凸台，选择如图 3-219 所示钳座后面为凸台放置面，设置凸台"直径"为"32"、凸台"高度"为"3"、"锥角"为"0"，选择图 3-219 所示底边为水平参考，然后分别进行水平定位和竖直定位，水平定位尺寸为"55"，竖直定位尺寸为"18"，完成后部凸台的创建。

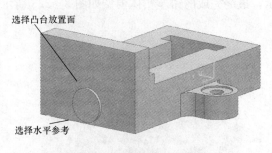

选择凸台放置面

选择水平参考

图 3-219 创建钳座后部凸台

3.6.9 创建丝杠座孔

选择菜单命令"插入"→"设计特征"→"孔"，或者单击"特征"工具栏中的"孔" 图标，系统弹出如图 3-220 所示"孔"对话框，在对话框中设置"类型"为"常规孔"，"成形"为"简单"，"直径"为"17"，"深度"为"27"，"布尔"运算为"求差"方式，用鼠标在绘图区中捕捉钳座前端凸台圆心，单击对话框中的"应用"按钮，完成孔的创建，如图 3-221 所示。

图 3-220 "孔"对话框（三）

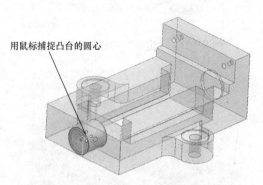

用鼠标捕捉凸台的圆心

图 3-221 创建前端丝杠孔

按相同的操作步骤创建钳座后部孔，在对话框中设置"类型"为"常规孔"，"成形"为"简单"，"直径"为"25"，"深度"为"33"，"布尔"运算为"求差"方式，用鼠标在绘图区捕捉钳座后端凸台圆心，单击对话框中的"确定"按钮，完成孔的创建，如图 3-222 所示，最终完成的钳座实体模型如图 3-223 所示。

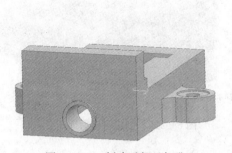

图 3-222 创建后部丝杠孔

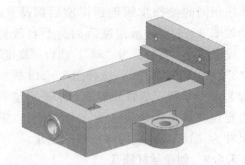

图 3-223 虎钳实体模型

3.7　实训 1：活动钳口建模

创建图 3-224 所示虎钳活动钳口的实体模型。

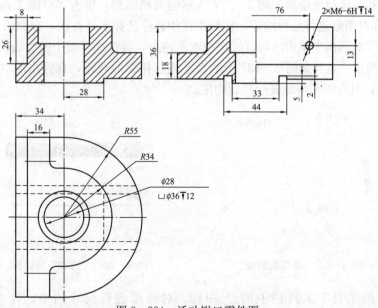

图 3－224　活动钳口零件图

3.7.1　活动钳口造型分析

根据图形特点可以看出，活动钳口属于组合体造型，模型主体可以采用草图拉伸来创建，局部的结构运用腔体、垫块、沉头孔、螺纹孔等特征操作来完成。

3.7.2　创建草图

启动 UG NX 6.0 软件，在软件初始界面单击左上角的"新建"　按钮，在弹出的"新建"对话框中选择新建模型，在"新文件名"下方的"名称"输入框输入"huodong_qiankou"，在"文件夹"输入框输入"F:\UG_FILE\"，单击"确定"按钮关闭对话框，则新建一个模型文件。

选择菜单命令"插入"→"草图"，或者单击"特征"工具栏的"草图"　图标，弹出如图 3－225 所示"创建草图"对话框，在"类型"选项中选择"在平面上"，"平面选项"选择"现有平面"，用鼠标在绘图区中选择 XC－YC 平面，如图 3－226 所示，单击"确定"按钮进入草图模式。

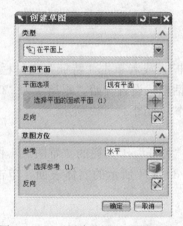

图 3－225　"创建草图"对话框（一）

图 3－226　选择草图平面

　　运用直线和圆弧命令绘制如图3-227所示的大概图形，单击"草图工具"工具栏中的"约束"  图标对图形进行几何约束，在绘图区中逐一选择水平直线，在弹出的如图3-228所示的"约束"对话框中单击□对直线进行水平约束，再选择草图中的竖线，单击□图标对直线进行竖直约束。选择如图3-227所示水平线与相邻的圆弧，在弹出的"约束"对话框中单击◎图标，对直线和圆弧进行相切约束。

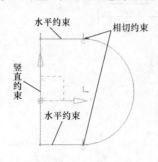

图3-227　草图的约束　　　　　　　图3-228　"约束"对话框

　　单击"草图工具"工具栏中的 图标，对图形进行尺寸约束，首先用鼠标选择图3-229所示的圆弧，在适当位置单击鼠标放置尺寸，在弹出的尺寸输入框中输入半径"55"，再分别选择图3-229所示的两条直线，在适当位置单击鼠标放置尺寸，在弹出的尺寸表达式中分别输入长度"34"、"55"，单击 完成草图 按钮，退出草图模式，完成的草图如图3-230所示。

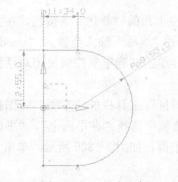

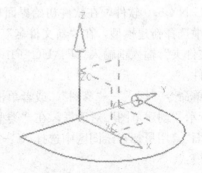

图3-229　尺寸约束　　　　　　　　图3-230　活动钳口草图

3.7.3　草图拉伸

　　选择菜单命令"插入"→"设计特征"→"拉伸"，或者单击"特征"工具栏中的"拉伸" 图标，系统弹出如图3-231所示"拉伸"对话框，设置开始"距离"为"0"、结束"距离"为"36"，单击"确定"按钮，完成拉伸操作，如图3-232所示。

3.7.4　在实体表面绘制草图并拉伸

　　选择菜单命令"插入"→"草图"，或者单击"特征"工具栏的"草图" 图标，弹出如图3-233所示"创建草图"对话框，选择如图3-234所示的实体表面，单击"确定"按钮，系统进入草图模式。

图 3-231 "拉伸"对话框（一）

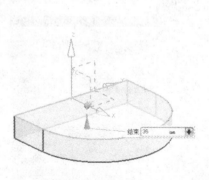

图 3-232 草图拉伸

图 3-233 "创建草图"对话框（二）

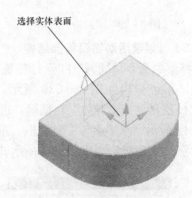

图 3-234 选择草图平面

利用画圆命令，捕捉实体上面的圆心如图 3-235 所示，分别绘制半径为"34"和"55"的两个圆，用直线命令绘制如图 3-236 所示通过圆心的直线，运用快速修剪命令修剪小半圆内的部分，单击 ᵂ完成草图 图标，退出草图模式。

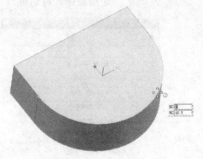

图 3-235 捕捉圆心

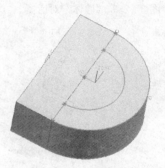

图 3-236 草图修剪

选择菜单命令"插入"→"设计特征"→"拉伸",或者单击"特征"工具栏中的"拉伸" ▦ 图标,系统弹出如图 3-237 所示的"拉伸"对话框,设置开始"距离"为"0"、结束"距离"为"—18","布尔"选项为"求差"方式,单击"确定"按钮,完成拉伸操作,如图 3-238 所示。

图 3-237　"拉伸"对话框(二)

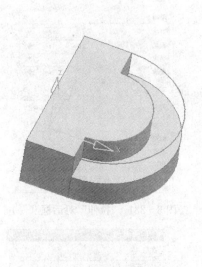

图 3-238　拉伸切除

3.7.5　创建活动钳口前部结构

选择菜单命令"插入"→"设计特征"→"腔体",或者单击"特征"工具栏中的"腔体" ▦ 图标,系统弹出如图 3-239 所示"腔体"对话框,选择"矩形"选项,系统弹出如图 3-240 所示"矩形腔体"对话框,选择如图 3-241 所示的实体面为腔体放置面,弹出如图 3-242 所示"水平参考"对话框,系统提示选择水平参考,选择图 3-241 所示的棱边为水平参考,系统弹出如图 3-243 所示"矩形腔体"参数对话框。

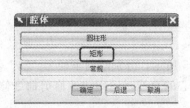

图 3-239　"腔体"对话框

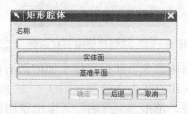

图 3-240　"矩形腔体"对话框(一)

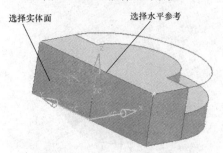

图 3-241　放置面和水平参考

图 3-242　"水平参考"对话框(一)

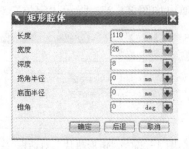

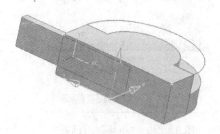

图 3-243 "矩形腔体"对话框(二) 　　　图 3-244 矩形腔体

在"矩形腔体"参数对话框中,设置腔体的"长度"为"110","宽度"为"26","深度"为"8",单击"确定"按钮,创建的腔体如图 3-244 所示,同时系统弹出如图 3-245 所示"定位"对话框。

在"定位"对话框中,单击 图标,系统弹出如图 3-246 所示"水平"对话框,在绘图区中依次选择如图 3-247 所示的目标边 1、刀具边 1,在弹出的"创建表达式"对话框中输入"0",单击"确定"按钮,完成水平方向的定位操作;继续在"定位"对话框中单击 图标,在绘图区中依次选择如图 3-247 所示的目标边 2、刀具边 2,在弹出的"创建表达式"对话框中输入"0",单击"确定"按钮完成竖直方向的定位操作,再次单击"取消"按钮关闭对话框,创建的腔体如图 3-248 所示。

图 3-245 "定位"对话框(一) 　　　图 3-246 "水平"对话框

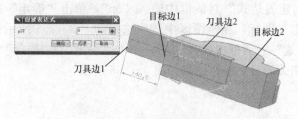

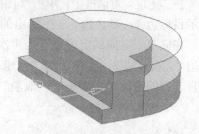

图 3-247 腔体定位 　　　　　图 3-248 创建腔体

3.7.6 创建活动钳口底部结构

1. 创建凸台

选择菜单命令"插入"→"设计特征"→"垫块",或者单击"特征"工具栏中的"垫块" 图标,系统弹出如图 3-249 所示"垫块"对话框,选择"矩形"选项,系统弹出如图 3-250 所示"矩形垫块"对话框,在绘图区选择如图 3-251 所示实体面,系统弹出如图 3-252 所示"水平参考"对话框,选择如图 3-251 所示的边为水平参考,弹出如图 3-253 所示"矩形垫块"参数设置对话框,在对话框中设置腔体的"长度"、"宽度"、"高度"分别为"33"、"62"、"3"，单击"确定"按钮，系统弹出如图3-254所示"定位"对话框。

图3-249 "垫块"对话框

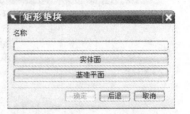

图3-250 "矩形垫块"对话框（一）

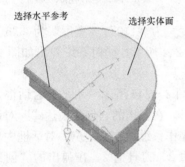

图3-251 选择放置面

图3-252 "水平参考"对话框（二）

图3-253 "矩形垫块"对话框（二）

图3-254 "定位"对话框（二）

在"定位"对话框中，单击 图标，弹出"水平"对话框，在绘图区中依次选择如图3-255所示目标边1，刀具边1，在弹出的"创建表达式"对话框中输入"55"，单击"确定"按钮，完成水平方向的定位操作；再次单击 图标，在绘图区中依次选择如图3-255所示目标边2、刀具边2，在弹出的"创建表达式"对话框中输入"0"，单击"确定"按钮，完成竖直方向的定位，再次单击"取消"按钮关闭对话框，结果如图3-256所示。

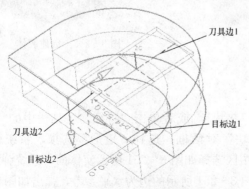

图3-255 选择目标边和刀具边

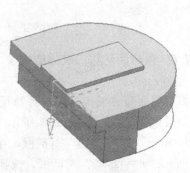

图3-256 创建垫块

2. 创建活动钳口底部滑槽

选择菜单命令"插入"→"设计特征"→"腔体",或者单击"特征"工具栏中"腔体" 图标,弹出"腔体"对话框,选择"矩形"选项,用鼠标选择如图3-258所示的实体面,系统弹出"水平参考"对话框,选择图3-258所示的棱边为水平参考,系统弹出如图3-257所示的"矩形腔体"参数设置对话框。在对话框分别中输入"长度"、"宽度"、"深度"为"5.5"、"90"、"2",单击"确定"按钮,系统弹出如图3-259所示"定位"对话框。

在"定位"对话框中,单击 图标进行竖直定位,用鼠标在绘图区依次选择图3-260 所示目标边1、刀具边1,在弹出的"创建表达式"对话框中输入"0",单击"确定"按钮完成竖直定位;再次单击"定位"对话框中的 图标进行水平定位,用鼠标在绘图区依次选择图3-260所示目标边2、刀具边2,在弹出的"创建表达式"对话框中输入"0",单击"确定"按钮完成腔体水平定位,再次单击"取消"按钮关闭对话框,结果如图3-261所示。

运用同样的操作步骤,设置同样的腔体参数,创建另一侧沟槽如图3-262所示。

图3-257 "矩形腔体"对话框（三）

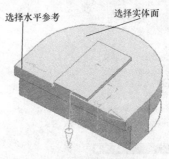

图3-258 放置面和水平参考

图3-259 "定位"对话框（三）

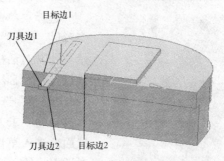

图3-260 腔体定位

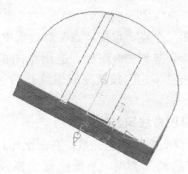

图3-261 创建沟槽

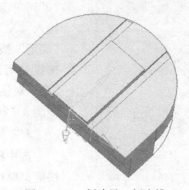

图3-262 创建另一侧沟槽

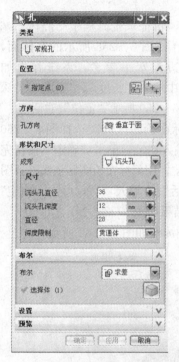

图 3 - 263   "孔"对话框

图 3 - 265   "孔"对话框

3.7.7　创建沉头孔

选择菜单命令"插入"→"设计特征"→"孔"，或者单击"特征"工具栏中的"孔" 图标，系统弹出如图 3 - 263 所示"孔"对话框，在"类型"选项中，选择"常规孔"，"成形"选项选择"沉头孔"，"沉头孔直径"为"36"，"沉头孔深度"为"12"，"直径"设置为"28"，"深度限制"选择"贯通体"，"布尔"选项选择为"求差"方式，用鼠标在绘图区中捕捉活动钳口的圆弧中心如图 3 - 264 所示，单击对话框中的"确定"按钮，完成沉头孔的创建。

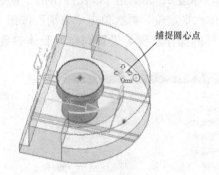

图 3 - 264   创建沉头孔

3.7.8　创建安装螺钉孔

选择菜单命令"插入"→"设计特征"→"孔"，或者单击"特征"工具栏中的"孔" 图标，系统弹出如图 3 - 265 所示"孔"对话框，在"类型"选项中选择"螺纹孔"，设置螺纹规格"Size"为"M6×1"，"丝锥直径"为"5.2"，"深度限制"选择"值"方式，"深度"为"12"，"布尔"运算选择为"求差"方式，用鼠标在绘图区选择模型上的孔放置面，进入草图绘制模式，并弹出如图 3 - 266 所示"点"对话框，输入"XC"、"YC"、"ZC"坐标为"-38"、"0"、"0"，单击"确定"按钮创建一个点；按图 3 - 267 所示再次输入"XC"、"YC"、"ZC"坐标为"38"、"0"、"0"，单击"确定"按钮创建第二个点，单击"点"对话框中的"取消"按钮关闭对话框，单击 完成草图 图标，退出草图模式，返回"孔"对话框，单击"确定"按钮完成螺纹孔的创建，结果如图 3 - 268 所示。

3.7.9　隐藏草图曲线和坐标系

选中模型中的草图曲线和坐标系，右击鼠标，在弹出的快捷菜单中选择"隐藏"选项，系统隐藏坐标系和草图曲线，如图 3 - 269 所示。

图 3-266　"点"对话框（一）

图 3-267　"点"对话框（二）

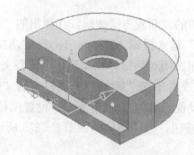
图 3-268　创建螺纹孔

图 3-269　隐藏草图曲线和坐标系后的模型

3.7.10　倒圆角

选择菜单命令"插入"→"细节特征"→"边倒圆"，或者单击"特征操作"工具栏上的"边倒圆" 📷 图标，系统弹出如图 3-270 所示"边倒圆"对话框，设置圆角半径"Radius"为"5"，用鼠标在绘图区中按图 3-271 所示选择倒圆角的边，同时在绘图区中可以预览倒圆角后的结果，单击对话框中的"确定"按钮，完成倒圆角操作。至此完成了活动钳口的模型，结果如图 3-272 所示。

图 3-270　"边倒圆"对话框

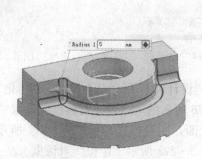
图 3-271　边倒圆操作

图 3-272　活动钳口模型

3.8 实训 2：圆螺钉建模

创建如图 3－273 所示圆螺钉的模型。

3.8.1 模型造型分析

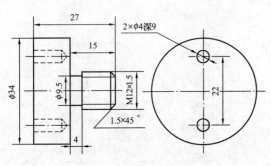

图 3－273 圆螺钉零件图

根据圆螺钉零件图分析，可以看出圆螺钉的主体结构由圆柱体组成，模型主体可运用圆柱体特征和凸台特征来完成，然后运用螺纹特征来创建 M12 螺纹，运用孔特征创建螺钉头的两个孔。

3.8.2 创建螺钉主体模型

启动 UG NX 6.0 软件，在软件初始界面单击左上角的"新建" 按钮，在弹出的"新建"对话框中选择新建模型，在"新文件名"下方的"名称"输入框输入"yuan_luoding"，在"文件夹"输入框输入"F:\UG_FILE\"，单击"确定"按钮关闭对话框，则新建一个模型文件。

选择菜单命令"插入"→"设计特征"→"圆柱体"，或者单击"特征"工具栏中的"圆柱" 图标，系统弹出如图 3－274 所示"圆柱"对话框，设置矢量为 Y 轴正方向，设置圆柱体的"直径"和"高度"分别为"34"、"12"，单击"确定"按钮，创建圆柱体如图 3－275 所示。

图 3－274 "圆柱"对话框

图 3－275 创建螺钉头

选择菜单命令"插入"→"设计特征"→"凸台"，或者单击"特征"工具栏中的"凸台" 图标，系统弹出如图 3－276 所示的"凸台"对话框，设置"直径"为"9.5"，"高度"为"4"，系统提示选择凸台放置面，用鼠标选择如图 3－277 所示实体面为凸台放置面，单击"确定"按钮，系统弹出如图 3－278 所示"定位"对话框。

在"定位"对话框中，单击 图标，弹出如图 3－279 所示"点到点"对话框，系统提示选择目标对象，用鼠标选择如图3－280所示圆为目标边，弹出如图3－281所示"设置圆弧的位置"对话框，选择"圆弧中心"选项，完成凸台的定位。结果如图3－282所示。

　　按同样的操作步骤，完成凸台2的创建与定位，在图3－283"凸台"参数对话框中，设置"直径"为"12"，"高度"为"11"，"锥角"为"0"，创建的效果如图3－284、图3－285所示。

图3－276　"凸台"对话框（一）

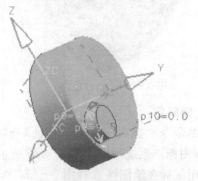

图3－277　凸台放置面

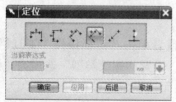

图3－278　"定位"对话框

图3－279　"点到点"对话框

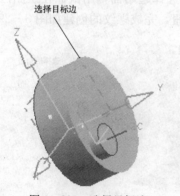

图3－280　选择目标边

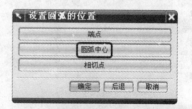

图3－281　"设置圆弧的位置"对话框

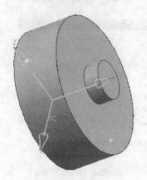

图3－282　凸台定位

图3－283　"凸台"对话框（二）

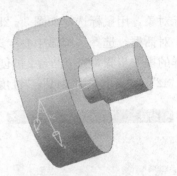

图 3-284　凸台定位　　　　　　　　图 3-285　创建凸台 2

3.8.3　倒斜角

选择菜单命令"插入"→"细节特征"→"倒斜角",或者单击"特征操作"工具栏中的"倒斜角" 图标,系统弹出如图 3-286 所示"倒斜角"对话框,在对话框中设置倒角距离为"1.5",用鼠标在绘图区选择图 3-287 所示倒角边,单击"确定"按钮完成倒角创建,结果如图 3-288 所示。

3.8.4　创建螺纹

选择菜单命令"插入"→"设计特征"→"螺纹",或者单击"特征操作"工具栏中的"螺纹" 图标,弹出如图 3-289 所示"螺纹"对话框,设置"螺纹类型"选项为"详细",系统提示选择一个圆柱面,选择如图 3-290 所示圆柱面,设置螺纹的"小径"为"10.25","螺距"为"1.5","长度"为"9.5",牙型"角度"为"60",单击"选择起始"选项,系统弹出如图 3-291 所示"螺纹"对话框,系统提示选择起始面,用鼠标在绘图区选择如图 3-292 所示的端面为螺纹起始面,单击"确定"按钮,完成螺纹的创建如图 3-293 所示。

图 3-286　"倒斜角"对话框

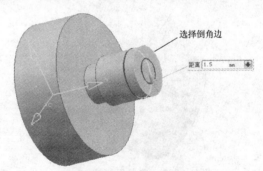

图 3-287　倒斜角操作

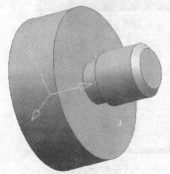

图 3-288　倒斜角

图 3-289　"螺纹"对话框(一)

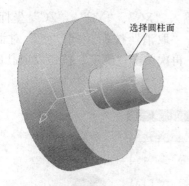

图 3-290　选择圆柱面

图 3-291　"螺纹"对话框（二）

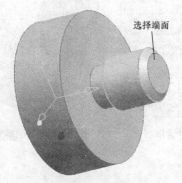

图 3-292　选择螺纹起始面

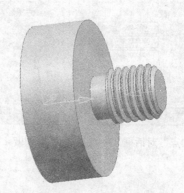

图 3-293　创建螺纹

3.8.5　螺钉头孔的创建

选择菜单命令"插入"→"设计特征"→"孔"，或者单击"特征"工具栏中的"孔" 图标，系统弹出如图 3-294 所示"孔"对话框，选择"类型"为"钻形孔"，直径"Size"为"4"，"深度"为"9"，"尖角"为"118"，选择如图 3-295 所示面，弹出"创建草图"对话框，单击"确定"按钮进入草图模式，并弹出如图 3-296 所示"点"对话框，输入"XC"、"YC"、"ZC"坐标为"11"、"0"、"0"，单击

图 3-294　"孔"对话框

图 3-295　选择孔放置面

"确定"按钮创建一个点；按图 3-297 所示继续输入"XC"、"YC"、"ZC"坐标为"-11，0，0"，单击"确定"按钮创建第二个点，单击"取消"按钮关闭"点"对话框，单击 ◈◈完成草图 图标，退出草图模式，返回"孔"对话框，再次单击"确定"按钮完成孔的创建，结果如图 3-298 所示。

图 3-296　"点"对话框（一）

图 3-297　"点"对话框（二）

图 3-298　圆螺钉实体模型

3.9　实训3：六角螺母建模

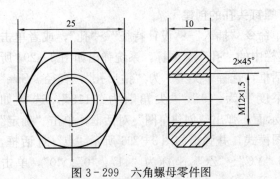

图 3-299　六角螺母零件图

创建如图 3-299 所示六角螺母的模型。

3.9.1　六角螺母造型分析

六角螺母主体可采用绘制六边形曲线，然后拉伸来创建，倒角处理要综合运用"倒斜角"和"布尔运算"功能，然后创建螺纹底孔，最后运用螺纹命令创建螺纹。

3.9.2　绘制六边形曲线

启动 UG NX 6.0 软件，在软件初始界面单击左上角的"新建" □ 按钮，在弹出的"新建"对话框中选择新建模型，在"新文件名"下方的"名称"输入框输入"liujiao_luomu"，在"文件夹"输入框输入"F:\UG_FILE\"，单击"确定"按钮关闭对话框，则新建一个模型文件。

选择菜单命令"插入"→"曲线"→"多边形"，或者单击"曲线"工具栏中的"多边形" ◎ 图标，弹出如图 3-300 所示"多边形"对话框，在对话框中设置侧面数为"6"，单击"确定"按钮，弹出如图 3-301 所示"多边形"对话框，选择"外切圆半径"选项，弹出如图 3-302 所示"多边形"参数对话框。

图 3-300　"多边形"对话框（一）

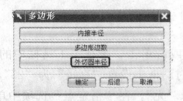

图 3-301 "多边形"对话框（二）

图 3-302 "多边形"对话框（三）

图 3-303 "点"对话框

在对话框中，设置外切圆半径为"12.5"，方位角为"0"，单击"确定"按钮，弹出如图 3-303 所示"点"对话框，设置"XC"、"YC"、"ZC"坐标分别为"0"、"0"、"0"，单击"确定"按钮，完成如图 3-304 所示六边形曲线的创建。

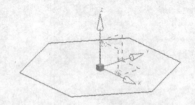

图 3-304 创建多边形

3.9.3 拉伸多边形曲线创建六棱柱

选择菜单命令"插入"→"设计特征"→"拉伸"，或单击"特征"工具栏中的"拉伸" 图标，系统弹出如图 3-305 所示"拉伸"对话框，在对话框中设置开始"距离"为"0"，结束"距离"为"10"，在绘图区中选择上一步绘制的六边形曲线，完成曲线拉伸，创建六棱柱，如图 3-306 所示。

图 3-305 "拉伸"对话框

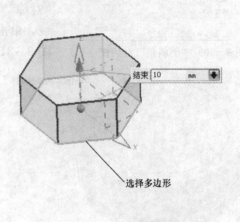

图 3-306 曲线拉伸

3.9.4　创建圆柱体并倒斜角

1. 创建圆柱体

选择菜单命令"插入"→"设计特征"→"圆柱"，或者单击"特征"工具栏中的"圆柱"图标，弹出如图 3-307 所示"圆柱"对话框，在对话框中设置"直径"为"25"，"高度"为"10"，指定矢量方向为 Z 轴正方向，"布尔"选择"无"，在"指定点"选项中单击 图标，在弹出的"点"对话框中设置"XC"、"YC"、"ZC"的坐标为"0"、"0"、"0"，单击"确定"按钮，创建圆柱体如图 3-308 所示。

图 3-307　"圆柱"对话框

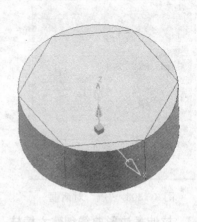

图 3-308　创建圆柱体

图 3-309　"倒斜角"对话框（一）

2. 倒斜角

选择菜单命令"插入"→"细节特征"→"倒斜角"，或者单击"特征操作"工具栏的"倒斜角"图标，弹出如图 3-309 所示"倒斜角"对话框，在对话框中设置倒角"距离"为"2"，"横截面"为"对称"方式，按图 3-310 所示选择圆柱体上下边线，单击"确定"按钮完成圆柱体倒斜角，结果如图 3-311 所示。

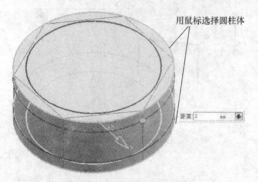

图 3-310　圆柱体倒斜角

图 3-311　圆柱体倒角

3. 布尔运算

选择菜单命令"插入"→"组合体"→"求交",或者单击"特征操作"工具栏中的"求交"
图标,系统弹出图 3-312 所示"求交"对话框,根据系统提示,在绘图区中选择倒角后的
圆柱体为目标体,选择六棱柱为工具体,单击"确定"按钮,创建的实体如图 3-313 所示。

图 3-312 "求交"对话框

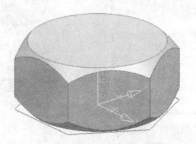

图 3-313 螺母外形实体的创建

3.9.5 创建螺纹底孔

选择菜单命令"插入"→"设计特征"→"孔",或者单击"特征"工具栏中的"孔"图标,
弹出如图 3-314 所示"孔"对话框,设置"类型"为"常规孔","成形"选项选择"简单"方
式,"直径"设置为"10.5","深度限制"设置为"贯通体","布尔"选项为"求差"方式,在绘
图区中用鼠标捕捉螺母实体圆心如图 3-315 所示,单击"确定"按钮创建孔,如图 3-316 所示。

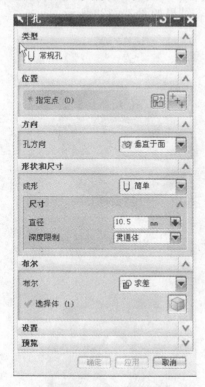

图 3-314 "孔"对话框

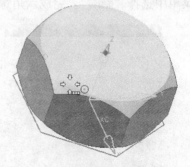

图 3-315 捕捉螺母上表面的圆心

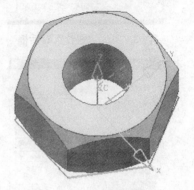

图 3-316 创建螺纹底孔

3.9.6 内孔倒角

选择菜单"插入"→"细节特征"→"倒斜角",或者单击"特征操作"工具栏中的"倒斜

角"　图标，系统弹出如图 3-317 所示"倒斜角"对话框，在对话框中设置倒角"距离"为"1"，"横截面"为"对称"方式，按图 3-318 所示选择孔的两条边线，单击"确定"按钮，完成内孔倒角操作，结果如图 3-319 所示。

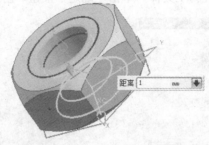

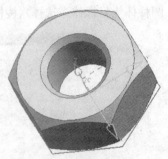

图 3-317　"倒斜角"对话框（二）　　　图 3-318　内孔倒斜角边线　　　图 3-319　螺母内孔倒斜角

3.9.7　创建螺纹

选择菜单命令"插入"→"设计特征"→"螺纹"，或者单击"特征操作"工具栏中的"螺纹"　图标，弹出如图 3-320 所示"螺纹"对话框，设置"螺纹类型"选项为"详细"，系统提示选择一个圆柱面，按图 3-321 所示选择孔的内表面，按图 3-322 所示输入螺纹参数，"大径"为"12"，"长度"为"10"，"螺距"为"1.5"，"角度"为"60"，旋向为"右手"，单击对话框中的"确定"按钮，完成螺纹的创建。选中六边形曲线，右击鼠标，在弹出的快捷菜单中选择"隐藏"，完成六角螺母建模，结果如图 3-323 所示。

图 3-320　"螺纹"对话框

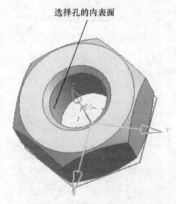

图 3-321　选择圆柱面

图 3-322　"螺纹"对话框

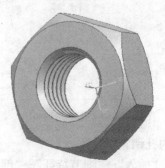

图 3-323　螺母模型

3.10 实训 4：槽轮建模

创建如图 3-324 所示槽轮的模型。

3.10.1 造型分析

槽轮主体是圆柱体，在创建主体的基础上，创建沟槽、内孔、键槽。

3.10.2 创建槽轮基本体

启动 UG NX 6.0 软件，在软件初始界面单击左上角的"新建"按钮，在弹出的"新建"对话框中选择新建模型，在"新文件名"下方的"名称"输入框输入"cao_lun"，在"文件夹"输入框输入"F:\UG_FILE\"，单击"确定"按钮关闭对话框，则新建一个模型文件。

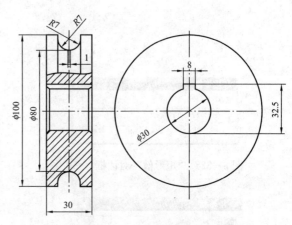

图 3-324 槽轮零件图

选择菜单命令"插入"→"设计特征"→"圆柱体"，或者单击"特征"工具栏中的"圆柱"图标，弹出如图 3-325 所示"圆柱"对话框，在对话框中设置"直径"为"100"，"高度"为"30"，"指定矢量"方向为图，其他选择默认选项，单击"确定"按钮创建圆柱体，结果如图 3-326 所示。

图 3-325 "圆柱"对话框

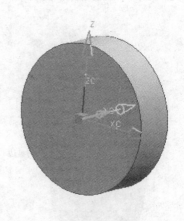

图 3-326 创建槽轮基本体

3.10.3 创建沟槽

选择菜单命令"插入"→"设计特征"→"坡口焊"，或者单击"特征"工具栏中的"坡口焊"图标，弹出如图 3-327 所示"槽"对话框，选择"矩形"选项，弹出如图 3-328 所示"矩形槽"对话框，按图 3-329 所示选择已创建的圆柱面，弹出如图 3-330 所示"矩形槽"参数对话

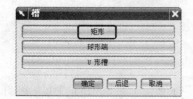

图 3-327 "槽"对话框

框，设置"槽直径"为"80"，"宽度"为"15"，单击"确定"按钮，系统弹出如图 3－331 所示"定位槽"对话框，系统提示选择目标边。

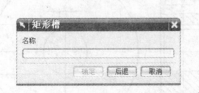

图 3－328　"矩形槽"对话框（一）

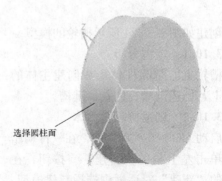

图 3－329　选择圆柱面

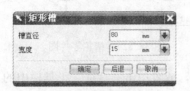

图 3－330　"矩形槽"对话框（二）

图 3－331　"定位槽"对话框

用鼠标在绘图区分别选择如图 3－332 所示目标边和刀具边，系统弹出如图 3－333 所示"创建表达式"对话框，在对话框中输入"7.5"，单击"确定"按钮，创建轮槽如图 3－334 所示。系统又返回"矩形槽"对话框，单击"取消"按钮关闭对话框。

图 3－333　"创建表达式"对话框

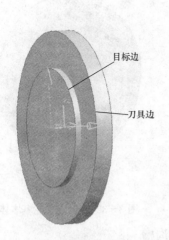

图 3－332　选择目标边和刀具边

图 3－334　创建轮槽

3.10.4　创建槽轮内孔

选择菜单命令"插入"→"设计特征"→"孔"，或者单击"特征"工具栏中的"孔" 图标，系统弹出如图 3－335 所示"孔"对话框，选择"类型"为"常规孔"，"直径"为

"30"，"深度限制"为"贯通体"，"布尔"运算方式为"求差"方式，按图3-336所示捕捉圆心，单击"确定"按钮创建槽轮轴孔，如图3-337所示。

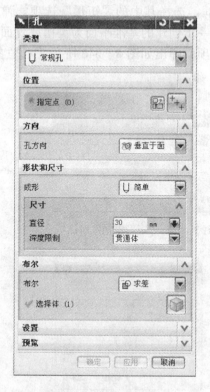

图3-335 "孔"对话框

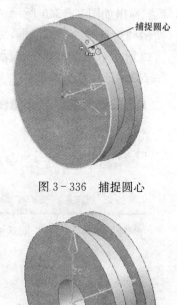

图3-336 捕捉圆心

图3-337 创建轴孔

3.10.5 创建内孔键槽

1. 创建基准平面

选择菜单命令"插入"→"基准/点"→"基准平面"，或者单击"特征操作"工具栏中的"基准平面"□:图标，系统弹出如图3-338所示"基准平面"对话框，在"类型"选项中选择"XC-YC平面"选项，设置"距离"为"11"，单击"确定"按钮，完成基准平面的创建如图3-339所示。

图3-338 "基准平面"对话框

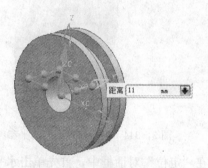

图3-339 创建基准平面

2. 创建键槽

选择菜单命令"插入"→"设计特征"→"键槽",或者单击"特征"工具栏中的"键槽"图标,系统弹出如图 3-340 所示"键槽"对话框,选择其中的"矩形"选项,弹出如图 3-341 所示"矩形键槽"对话框,用鼠标选择上一步创建的基准平面为键槽放置面,弹出如图 3-342 所示对话框,单击"反向默认侧"选项,弹出如图 3-343 所示"水平参考"对话框,系统提示选择水平参考。

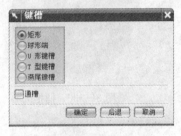

图 3-340 "键槽"对话框

图 3-341 "矩形键槽"对话框

图 3-342 特征边对话框

图 3-343 "水平参考"对话框

选择图 3-344 所示的槽轮外圆柱面为水平参考,系统弹出如图 3-345 所示"矩形键槽"对话框,设置键槽的"长度"、"宽度"、"深度"分别为"40","8","7.5",单击"确定"按钮,弹出如图 3-346 所示"定位"对话框。

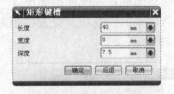

图 3-345 "矩形键槽"对话框

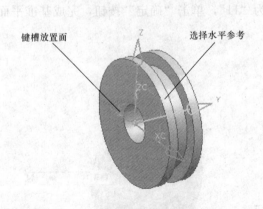

图 3-344 键槽放置面与水平参考

图 3-346 "定位"对话框

在"定位"对话框中,首先单击水平定位 图标,弹出如图 3-347 所示"水平"对话框,系统提示选择目标对象,用鼠标在绘图区选择内孔圆边线为目标对象如图 3-348 所示,弹出如图3-349所示"设置圆弧的位置"对话框,选择其中的"圆弧中心"选项,系统提示选择刀具边,用鼠标选择如图3-348所示的键头圆弧,再次弹出"设置圆弧的位置"对话框,再一次选择"圆弧中心"选项,弹出如图3-350所示"创建表达式"对话框,在对话框中输入"0",单击"确定"按钮完成键槽的水平定位,系统又返回"定位"对话框。

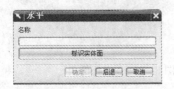

图3-347 "水平"对话框

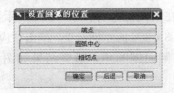

图3-349 "设置圆弧的位置"对话框

图3-348 选择水平目标对象和刀具边

图3-350 "创建表达式"对话框

单击"定位"对话框中的竖直定位图标对键槽进行竖直定位,根据系统提示,按照与水平定位相同的操作步骤选择槽轮内孔边线为目标对象,选择键槽中心线为刀具边如图3-351所示,在系统弹出的"创建表达式"对话框中输入"0",单击"确定"按钮完成键槽定位操作。单击"取消"按钮关闭对话框,结果如图3-352所示。

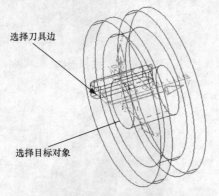

图3-351 选择竖直目标对象和刀具边

图3-352 创建内孔键槽

3.10.6 内孔倒角

选择菜单命令"插入"→"细节特征"→"倒斜角",或者单击"特征操作"工具栏中的"倒斜角"图标,弹出如图3-353所示"倒斜角"对话框,在对话框中设置倒角"距离"为"2",在绘图区按图3-354所示选择槽轮两侧内孔边线,单击"确定"按钮完成倒角操作。

图 3-353 "倒斜角"对话框

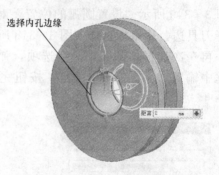

图 3-354 内孔倒角

3.10.7 轮槽倒圆角

选择菜单命令"插入"→"细节特征"→"面倒圆",或者单击"特征操作"工具栏中的"面倒圆" 图标,系统弹出如图 3-355 所示"面倒圆"对话框,在对话框中的"类型"选项中选择"滚动球"选项,设置"半径"为 7,用鼠标在绘图区选择图 3-356 所示面链 1,单击对话框中"选择面链 2"选项,在绘图区中选择如图 3-356 所示面链 2,单击"应用"按钮,完成面倒圆操作,按相同的操作步骤完成槽轮另一侧面倒圆角,最终结果如图 3-357所示。

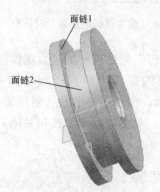

图 3-356 选择面链

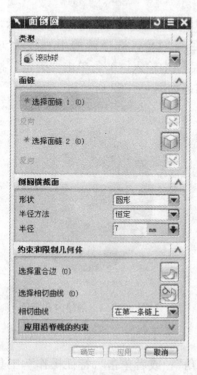

图 3-355 "面倒圆"对话框

图 3-357 槽轮实体模型

学习情境4

曲 面 建 模

【本模块知识点】

基本曲面：拉伸曲面、旋转曲面、扫掠曲面、直纹曲面、通过曲线组的曲面、通过曲线网格的曲面。

曲面编辑：曲面延伸、修剪、分割、桥接、圆角曲面。

本模块主要介绍曲面的创建及编辑操作。基本曲面的类型主要有拉伸曲面、旋转曲面、扫掠曲面、直纹曲面、通过曲线组的曲面（举升曲面）、通过曲线网格的曲面（网格曲面）等，曲面编辑操作主要有曲面延伸、修剪、分割、桥接、曲面倒圆角等。曲面建模可创建实体建模不能直接做出的更复杂的模型。

利用下拉菜单命令"插入"→"网格曲面"、"曲面"或"扫掠"下的子菜单，或利用"曲面"工具栏和"编辑曲面"工具栏可进行曲面建模操作。"曲面"工具栏如图 4-1 所示，"编辑曲面"工具栏如图 4-2 所示。

图 4-1 "曲面"工具栏

图 4-2 "编辑曲面"工具栏

4.1 任务 1：旋钮

创建如图 4-3 所示的旋钮的曲面模型。

4.1.1 旋钮曲面造型分析

旋钮表面主体部分属于回转特征，两侧下凹部位可由扫掠生成，然后通过曲面和曲面的修剪或倒圆角即可得到旋钮曲面模型。

4.1.2 构建旋钮的线架草图

启动 UG NX 6.0 软件，在软件窗口单击"标准"工具栏的

图 4-3 旋钮

"新建" 图标，弹出"新建"对话框，同时系统提示选择模板，在弹出的对话框中选择新建模型，指定文件名称"xuan_niu"，文件夹"F:\UG_FILE\"，如图4-4所示，单击"确定"按钮关闭对话框。

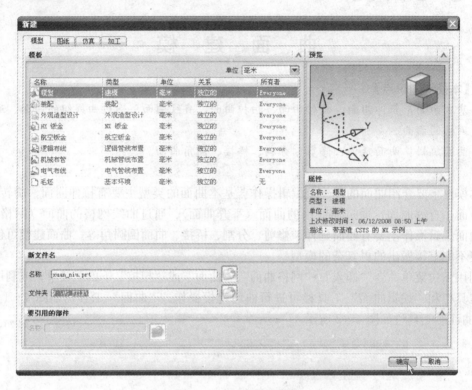

图4-4 "新建"对话框

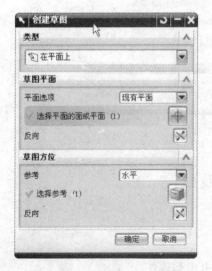

图4-5 "创建草图"对话框

1. 构建回转曲面的草图

选择菜单命令"插入"→"草图"，或单击"特征"工具栏中的"草图" 图标，弹出"创建草图"对话框，如图4-5所示，同时系统提示选择草图平面的对象或双击要定向的轴，按图4-6所示在绘图区选择代表X-Z平面的虚线框，在"创建草图"对话框中单击"确定"按钮，进入草图模式。

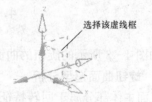

选择该虚线框

图4-6 选择草图平面

利用"草图工具"工具栏中的画线和画圆弧图标，绘制如图4-7所示的大概图形；单击"草图工具"工具栏中的"自动判断的尺寸" 图标，按图4-8所示标注尺寸；单击

"草图工具"工具栏中的"约束" 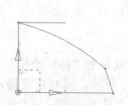 图标，按图 4-8 所示选择上部水平线和 R30 的圆弧，弹出"约束"对话框，如图 4-9 所示，在对话框中单击"相切" 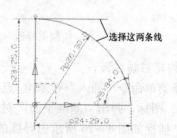 图标，则在水平线和圆弧之间添加相切约束；单击"草图工具"工具栏中的"转换至/自参考对象"图标，弹出"转换至/自参考对象"对话框，如图 4-10 所示，按图 4-11 所示选择 3 条直线段，单击对话框中的"确定"按钮，将 3 条直线段变为参考线，至此完成了旋钮回转曲面的草图，如图 4-12 所示。单击"完成草图"按钮，退出草图模式。

图 4-7 回转曲面草图

图 4-8 标注尺寸

图 4-9 "约束"对话框

图 4-10 "转换至/自参考对象"对话框

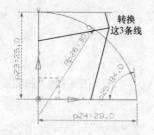

图 4-11 转换 3 条参考线

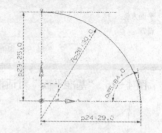

图 4-12 回转曲面草图

2. 构建凹位扫掠引导线

单击"特征"工具栏中的"草图" 图标，按图 4-6 所示选 X-Z 平面后单击对话框的"确定"按钮，则在 X-Z 平面新建一张草图，利用"草图工具"工具栏的画线和画圆弧图标绘制如图 4-13 所示大概图形，按图 4-14 所示标注尺寸，并在直线段和圆弧之间添加相切约束，完成扫掠引导线绘制。单击"完成草图"按钮，退出草图模式。

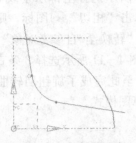

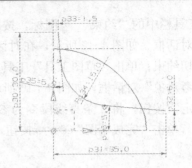

图 4-13　绘制引导线　　　　　　　　　图 4-14　标注尺寸

3. 构建扫描截面

选择菜单命令"插入"→"基准/点"→"基准平面"，或单击"特征操作"工具栏的"基准平面" □ 图标，弹出"基准平面"对话框，如图 4-15 所示，同时系统提示选择对象以定义平面，捕捉如图 4-16 所示引导线的右下角端点，则在该端点显示一个新的基准平面，如图 4-17 所示，单击"基准平面"对话框的"确定"按钮关闭对话框，则在该端点创建一个新的基准平面。单击"草图" 图标，弹出"创建草图"对话框，在绘图区选择新建的基准平面，单击"确定"按钮创建一张新的草图。单击"视图"工具栏中的"正二侧视图" 图标，将视角调为轴测图方向，按图 4-18 所示先画一条通过引导线端点的水平线 1，再画一条圆弧 2，按图 4-19 所示标注圆弧半径 R70，在水平线和圆弧之间添加相切约束，并将水平线转换为参考线，结果如图 4-20 所示。单击"完成草图" 完成草图 按钮，退出草图模式。至此完成了旋钮模型的全部线框图。

图 4-15　"基准平面"对话框

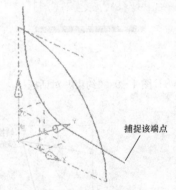

图 4-16　扫掠截面

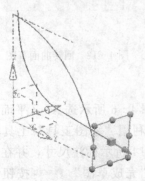

图 4-17　创建基准平面

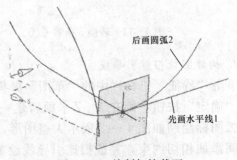

图 4-18　绘制扫掠截面

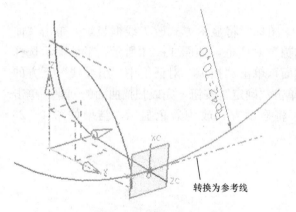

图4-19　添加约束

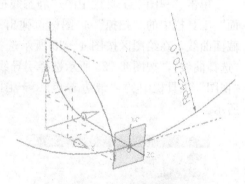

图4-20　扫掠截面

4.1.3　旋钮曲面造型

1. 创建主体回转曲面

选择菜单命令"插入"→"设计特征"→"回转"，或单击"特征"工具栏中的"回转"图标，弹出"回转"对话框，如图4-21所示，同时系统提示选择要草绘的平面或选择截面几何图形，在绘图区按图4-22所示选择回转截面，在"回转"对话框中单击"指定矢量"，然后在绘图区选择垂直参考线作为回转轴线，在"设置"选项下的"体类型"右侧的下拉选项改为"片体"，其余选项采用默认参数，单击"确定"按钮，即得到按钮回转曲面，如图4-23所示。

图4-21　"回转"对话框

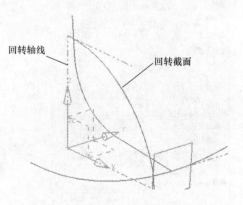

图4-22　回转截面和轴线

图4-23　回转曲面

2. 创建凹位扫掠曲面

单击"视图"工具栏中的"静态线框" ❖ 图标,将显示方式改为线框显示,单击"曲面"工具栏中的"扫掠" ❖ 图标,弹出"扫掠"对话框,如图 4 - 24 所示,系统提示选择截面曲线,在绘图区按图 4 - 25 所示选择截面,单击"扫掠"对话框中"引导线"下方的"选择曲线",按图 4 - 25 所示选择引导线,单击"确定"按钮,完成扫描曲面的创建。单击"视图"工具栏中的"带边着色" ❖ 图标,将显示方式改为着色显示,结果如图 4 - 26 所示。

图 4 - 24 "扫掠"对话框

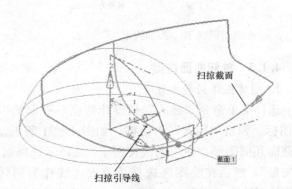

图 4 - 25 扫掠截面和引导线

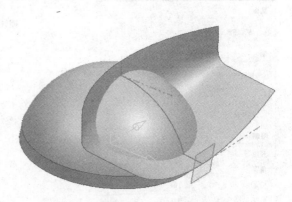

图 4 - 26 扫掠曲面

3. 镜像扫掠曲面

选择菜单命令"插入"→"关联复制"→"镜像特征",或单击"特征操作"工具栏中的"镜像特征" ❖ 图标,弹出"镜像特征"对话框,如图 4 - 27 所示,同时系统提示选择镜像特征,选择刚才创建的扫掠曲面作为要镜像的特征,单击"镜像特征"对话框中的"选择平面"按钮,选择 Y - Z 平面作为镜像平面,单击"确定"按钮,结果如图 4 - 28 所示。

图 4 - 27 "镜像特征"对话框

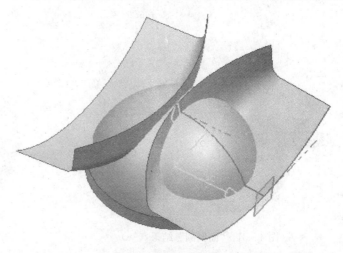

图 4 - 28 镜像扫掠曲面

4. 曲面倒圆角

单击"特征操作"工具栏中的"面倒圆" 图标,弹出"面倒圆"对话框,如图 4 - 29 所示,同时系统提示选择链 1 的面或边,按图 4 - 30 所示选择回转面作为面链 1,则在回转面上显示一个向上的箭头表示曲面的法线方向,单击"面倒圆"对话框中"选择面链 1"下方的反向 图标,使其法线方向向下,单击"面倒圆"对话框中的"选择面链 2",选择第一个扫描曲面作为面链 2,其上也显示一个向下的箭头表示法线方向,在"半径"输入栏输入圆角半径 1,单击"确定"按钮,结果如图 4 - 31 所示。

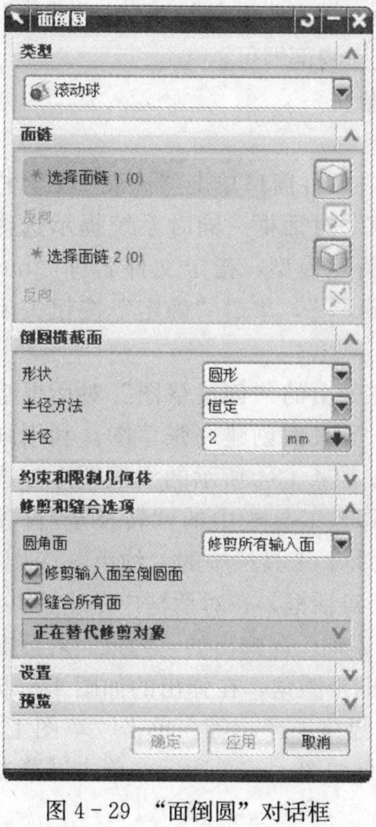

注意:曲面之间倒圆角时,一定要使每个曲面的法线方向指向所倒的圆角的圆心方向,否则得不出想要的圆角。

按同样的步骤对另一侧曲面倒圆角,结果如图 4 - 32 所示。

图 4 - 29 "面倒圆"对话框

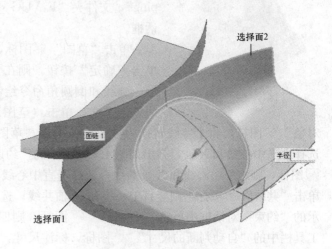

图 4 - 30 "面倒圆"操作

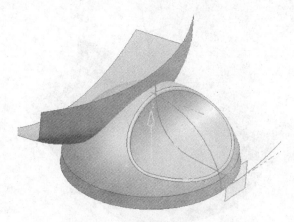

图 4 - 31　"面倒圆"结果（一）

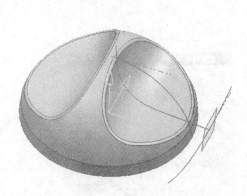

图 4 - 32　"面倒圆"结果（二）

　　选中所有的草图和基准面，将光标放在某一线上，右击鼠标，在弹出的快捷菜单中选择"隐藏"，将所有的草图和基准平面隐藏，得到如图 4 - 3 所示的旋钮的曲面模型。

4.2　任务 2：花瓶

创建如图 4 - 33 所示花瓶的模型。

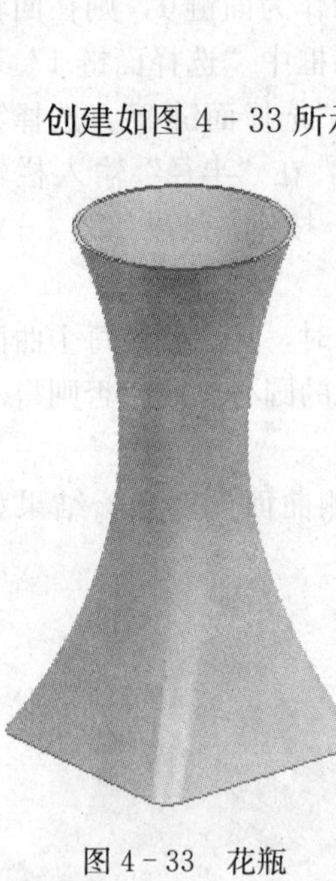

4.2.1　花瓶表面分析

花瓶表面主体是举升曲面，可用曲面命令"通过曲线组"做出，然后利用"抽壳"命令挖空内部即可。

4.2.2　构建花瓶的线架草图

1. 创建底部截面

启动 UG NX 6.0 软件，在软件窗口单击"标准"工具栏的"新建" 图标，弹出"新建"对话框，同时系统提示选择模板，在弹出的对话框中选择新建模型，指定文件名称"hua _ ping"，文件夹"F：\UG _ FILE\"，单击"确定"按钮关闭对话框。

单击"草图" 图标，在弹出的"创建草图"对话框直接单击"确定"按钮，则在 X - Y 平面创建一张草图。利用画矩形、画线和倒圆角命令绘制如图 4 - 34 所示的大概图形，选中两条十字线，单击"草图工具"工具栏中的"转换至/自参考对象" 图标，将十字线转换为参考线。单击"草图工具"工具栏中的"约束" 图标，选择水平中心线和 X 轴，弹出如图 4 - 35 所示的"约束"对话框，在对话框中单击"共线" 图标，则水平中心线和 X 轴共线；选择竖直中心线和 Y 轴，在弹出的"约束"对话框中单击"共线" 图标，则竖直中心线和 Y 轴共线；选择四个圆角，在弹出的如图 4 - 36 所示的"约束"对话框中单击"等半径" 图标，则四个圆角半径相等。单击"草图工具"工具栏中的"自动判断的尺寸" 图标，标注尺寸，结果如图 4 - 37 所示。单击屏幕左上角的"完成草图" 按钮退出草图模式。

图 4 - 33　花瓶

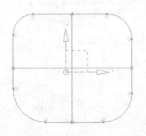

图 4 - 34 底面草图

图 4 - 35 "约束"对话框（一）

图 4 - 36 "约束"对话框（二）

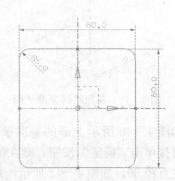

图 4 - 37 底部截面草图

2. 创建腰部截面

单击"特征操作"工具栏的"基准平面" □· 图标，弹出如图 4 - 38 所示的"基准平面"对话框，在绘图区选择代表 X - Y 平面的虚线框，则"基准平面"对话框变为图 4 - 39 所示，在"距离"栏输入 60，单击"确定"按钮，则在 X - Y 平面上方创建一个和 X - Y 平面平行且距离为 60 的新的基准平面，如图 4 - 40 所示；按同样的步骤创建一个和 X - Y 平面距离 120 的基准平面，结果如图 4 - 41 所示。

图 4 - 38 "基准平面"对话框（一）

图 4 - 39 "基准平面"对话框（二）

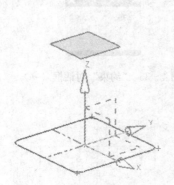

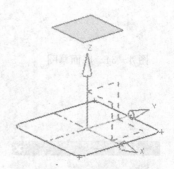

图 4-40　花瓶腰部基准平面　　　　　　　图 4-41　花瓶顶部基准平面

选择如图 4-40 所示上部的基准平面，单击"草图"  图标，在弹出的"创建草图"对话框中直接单击"确定"按钮，则在该基准平面创建一张草图。以坐标原点为圆心画一个圆，并标注直径 30，如图 4-42 所示，单击"完成草图" 按钮退出草图模式。

3. 创建顶部截面

选择如图 4-41 所示顶部的基准平面，单击"草图" 图标，在弹出的"创建草图"对话框中直接单击"确定"按钮，则在该基准平面创建一张草图。以坐标原点为圆心画一个圆，并标注直径 50，如图 4-43 所示，单击"完成草图" 按钮退出草图模式。至此完成了花瓶三个截面的草图，结果如图 4-44 所示。

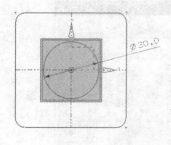

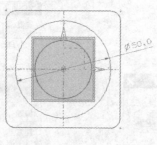

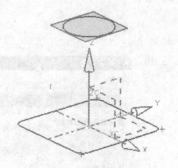

图 4-42　花瓶腰部截面　　　　　图 4-43　花瓶顶部截面　　　　　图 4-44　花瓶三个截面

4.2.3　创建花瓶曲面

单击"曲面"工具栏的"通过曲线组" 图标，弹出如图 4-45 所示的"通过曲线组"对话框，同时系统提示选择要剖切的曲线或点，将"曲线规则"选项由"单条曲线"改为

"相切曲线",如图 4-46 所示。按图 4-47 所示位置按顺序分别选择截面 1,按鼠标中键（滚轮）;选截面 2,按鼠标滚轮;选截面 3,则显示花瓶举升曲面预览,单击"确定"按钮完成举升曲面的创建,结果如图 4-48 所示。

注意:创建直纹面和通过曲线组的曲面（举升曲面）时,一定要保证所有截面的方向一致,每个截面的起始点位置要对应,否则曲面的形状会发生扭曲。

4.2.4 花瓶抽壳

单击"特征操作"工具栏中的"抽壳" 图标,弹出如图 4-49 所示的"壳单元"对话框,同时系统提示选择要移除的面,选择花瓶的顶面,在"厚度"输入框输入 1,选"设置"选项下方的"逼近偏置面"选项,单击"确定"按钮完成抽壳操作,结果如图 4-50 所示。选中所有基准面和草图后,右击鼠标,在弹出的快捷菜单中选择"隐藏"选项,则得到图 4-33 所示花瓶的模型。

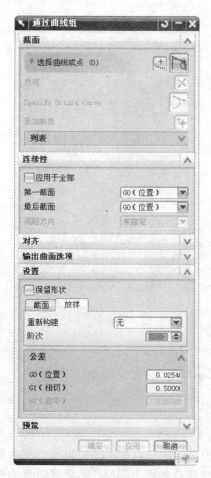

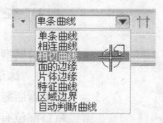

图 4-45 "通过曲线组"对话框　　　　图 4-46 "曲线规则"选项

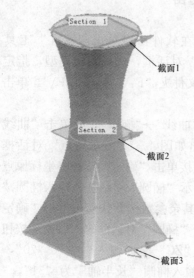

图 4-47 花瓶截面

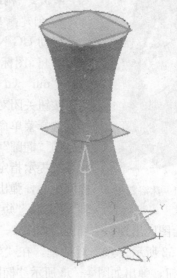

图 4-48 花瓶举升曲面

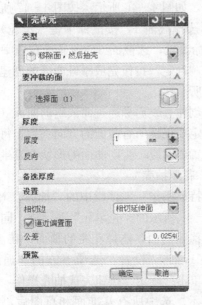

图 4-49 "壳单元"对话框

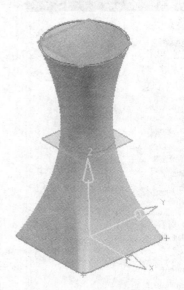

图 4-50 花瓶抽壳

4.3 任务 3: 沐浴露瓶

创建如图 4-51 所示沐浴露瓶的模型。

4.3.1 沐浴露瓶造型分析

沐浴露瓶瓶身部分可由举升曲面构建,把手部位也属于举升曲面。瓶口部位有螺纹。可先创建瓶身和把手部位,然后将瓶身抽壳后创建瓶口部位,从而完成整个沐浴露瓶的造型。

4.3.2 构建瓶身三维线框图

1. 创建瓶身截面

启动 UG NX 6.0 软件,在软件窗口单击"标准"工具栏的"新建"图标,弹出"新建"对话框,选择新建模型,指定文件名称"mu_yu_lu_ping",文件夹"F:\UG_FILE\",单击"确定"按钮关闭对话框。

选择菜单命令"插入"→"曲线"→"椭圆",或单击"曲线"工具栏的"椭圆"图标,弹出如图 4-52 所示"点"对话框,同时系统提示指定椭圆中心,直接单击"确定"按钮将坐标原点作为椭圆中心,弹出如图 4-53 所示"椭圆"对话框,输入椭圆"长半轴""35","短半轴""16",其余参数按默认值,单击"确定"按

图 4-51 沐浴露瓶

钮,则在绘图区出现一个椭圆,如图 4-54 所示。单击"椭圆"对话框的"后退"按钮,返回如图 4-52 所示"点"对话框,在"坐标"下方的"ZC"坐标输入栏输入"70",单击"确定"按钮,弹出如图 4-53 所示"椭圆"对话框,输入椭圆"长半轴"为"31","短半轴"为"16",其余参数按默认值,单击"确定"按钮,则在绘图区出现第二个椭圆。重复上

述步骤，在"点"对话框输入"ZC"坐标"95"，在"椭圆"对话框输入椭圆"长半轴"为"25"，"短半轴"为"15"，单击"确定"按钮绘制第三个椭圆；在"点"对话框输入"ZC"坐标"120"，在"椭圆"对话框输入椭圆"长半轴"为"15"，"短半轴"为"13"，单击"确定"按钮绘制第四个椭圆；单击"椭圆"对话框的"取消"按钮关闭对话框，结果如图 4-55 所示。

图 4-52 "点"对话框

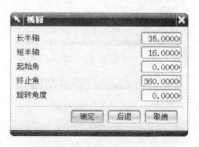

图 4-53 "椭圆"对话框

图 4-54 第一个椭圆

继续绘制瓶身其他截面。单击"特征操作"工具栏中的"基准平面"□图标，弹出如图 4-56 所示"基准平面"对话框，按图 4-57 所示在绘图区选择代表 X-Y 平面的虚线框，则"基准平面"对话框变为图 4-58 所示，在"距离"输入框输入"140"，单击"应用"按钮，则在 X-Y 平面上方出现一个新的基准平面，对话框变为图 4-56 所示，在绘图区选择代表 X-Y 平面的虚线框，则"基准平面"对话框变为图 4-58 所示，在"距离"输入框输入"150"，单击"确定"按钮关闭对话框，则在 X-Y 平面上方创建第二个基准平面，如图 4-59 所示。

选择图 4-59 中最上方的基准面，单击"特征"工具栏中的"草图" 图标，在弹出的"创建草图"对话框单击"确定"按钮，在该基准面新建一张草图，以原点为圆心，绘制一个圆，标注直径 16，单击"完成草图" 按钮返回建模界面。重复操作，选择图 4-59 中的第二个基准面，单击"特征"工具栏中的"草图"按钮，在弹出的"创建草图"对话框单击"确定"按钮进入草图模式，以原点为圆心，绘制一个圆，标注直径 20，单击"完成草图" 按钮返回建模界面，如图 4-60 所示。至此完成了瓶身部位截面的绘制。

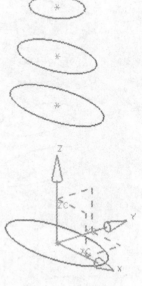

图 4-55 瓶身截面

图 4-56　"基准平面"对话框（一）

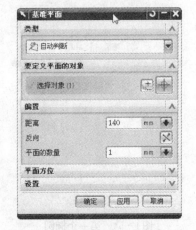

图 4-58　"基准平面"对话框（二）

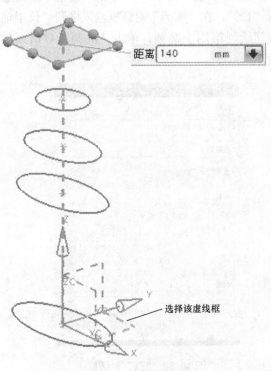

图 4-57　创建基准面

图 4-59　新建基准面

图 4-60　瓶身上部截面

2. 创建把手位截面

单击"实用工具"工具栏的"WCS方向"  图标，弹出"CSYS"对话框如图 4-61 所示，同时在原点显示一个带控标的坐标系，按图 4-62 所示用鼠标按住 YZ 平面内的球形控标并向左拖动，则坐标系绕 X 轴转动，转到如图 4-63 所示位置，旋转角度为"90"时松开鼠标左键，单击"确定"按钮关闭对话框。

单击"曲线"工具栏的"椭圆" ◎ 图标，弹出如图 4-64 所示"点"对话框，在"坐标"下方，"XC"输入框输入"10"，"YC"输入框输入"80"，"ZC"输入框输入"0"，单击"确定"按钮，弹出"椭圆"对话框，如图 4-65 所示，输入椭圆"长半轴""13"，"短半轴""29"，"旋转角度""20"，其余参数按默认值，单击"确定"按钮，则在把手部位出现一个椭圆，如图 4-66 所示。重新输入椭圆"长半轴""8"，"短半轴""24"，"旋转角度""20"，单击"确定"按钮，绘制把手的第二个椭圆，单击"取消"按钮关闭对话框，结果如图 4-67 所示。

图 4-61 "CSYS"对话框

图 4-62 调整坐标系方向

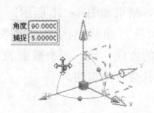

图 4-63 旋转坐标系

图 4-64 "点"对话框

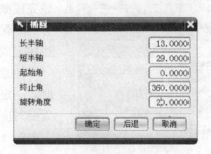

图 4-65 "椭圆"对话框

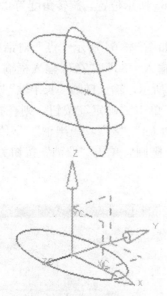

图 4-66   把手截面（一）

图 4-67   把手截面（二）

图 4-68   "通过曲线组"对话框

4.3.3   构建沐浴露瓶曲面

1. 创建瓶身曲面

单击"曲面"工具栏的"通过曲线组"  图标，弹出如图 4-68 所示的"通过曲线组"对话框，同时系统提示选择要剖切的曲线，按图 4-69 所示位置按顺序选择截面 1，按鼠标滚轮；选截面 2，注意使截面的方向和第一个截面方向相同，可单击图 4-68 所示对话框中的"反向" 图标改变截面的方向，按鼠标滚轮；选截面 3，按鼠标滚轮，则显示曲面预览，若曲面出现扭曲，可单击"通过曲线组"对话框中"对齐"选项下方的"重置"按钮使曲面对齐；选截面 4，按鼠标滚轮；选截面 5，按鼠标滚轮；选截面 6，按鼠标滚轮完成截面的选取。单击图 4-68 所示对话框中"设置"下方的"保留形状"按钮，取消选项前的"√"，单击"确定"按钮完成瓶身曲面的创建，结果如图 4-70 所示。

注意：创建直纹面和通过曲线组的曲面（举升曲面）时，一定要保证所有截面的方向一致，每个截面的起始点位置要对应，否则曲面的形状会发生扭曲。

2. 创建把手孔曲面

（1）创建把手孔投影曲线。单击"曲线"工具栏中的"投影曲线" 图标，弹出"投影曲线"对话框，如图 4-71

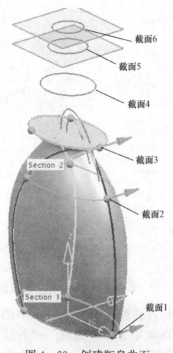

截面6
截面5
截面4
截面3
Section 2
截面2
Section 1
截面1

图 4-69 创建瓶身曲面

图 4-70 瓶身曲面

所示。单击"视图"工具栏的"静态线框" 图标将模型改为线框显示，如图 4-72 所示，按图所示选择把手孔大椭圆作为要投影的曲线，在"投影曲线"对话框中单击"选择对象"，单击"视图"工具栏的"带边着色" 图标将模型改为着色显示，如图 4-73 所示，选择瓶身曲面，在图 4-71 所示对话框的"投影方向"下的"方向"选项改为"沿矢量"，在"指定矢量"右侧下拉选项中选 ，在"投影选项"选项选"投影两侧"，单击"确定"按钮，则在瓶身上得到两条投影线。单击"视图"工具栏的"静态线框" 图标，将模型改为线框显示，结果如图 4-74 所示。

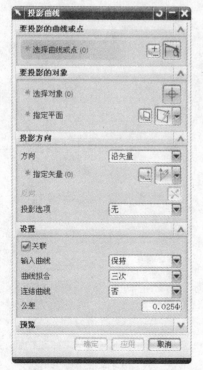

图 4-71 "投影曲线"对话框

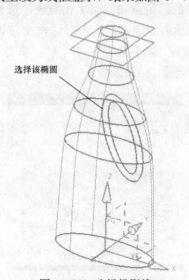

选择该椭圆

图 4-72 选择投影线

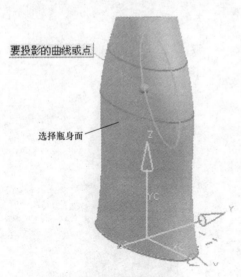

要投影的曲线或点

选择瓶身面

图 4-73 选择投影面

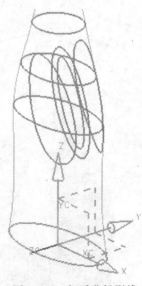

图 4-74 把手孔投影线

(2) 创建把手孔曲面。选择瓶身曲面，右击鼠标，在弹出的快捷菜单中选择"隐藏"，将瓶身隐藏；选择图 4-74 所示把手孔小椭圆，选择菜单命令"编辑"→"曲线"→"分割"，弹出"分割曲线"对话框，如图 4-75 所示，在对话框中"类型"选项选"等分段"，"分段长度"选项选"等参数"，在"段数"输入框输入"4"，则将小椭圆等分为 4 段。

单击"曲面"工具栏的"通过曲线组" 图标，弹出如图 4-76 所示的"通过曲线组"对话框，同时系统提示选择要剖切的曲线，按图 4-46 所示将"曲线规则"选项设为"相切曲线"，按图 4-77 所示按顺序选择截面 1，按鼠标滚轮；选截面 2，注意点取的位置，使截面的方向和截面 1 相同，若方向不同时可单击"反向" 图标改变截面方向，截面的起始点和截面 1 相对应，按鼠标滚轮；选截面 3，则显示曲面预览，单击对话框中"设置"下方的"保留形状"按钮，取消选项前的"√"，单击"确定"按钮完成把手曲面创建，结果如图 4-78 所示。

图 4-75 "分割曲线"对话框

图 4-76 "通过曲线组"对话框

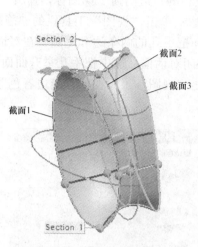

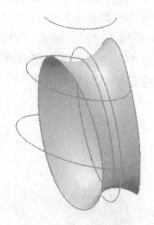

图 4-77 创建把手孔曲面   图 4-78 把手孔曲面

3. 编辑模型

（1）创建把手孔位。选择菜单命令"编辑"→"显示和隐藏"→"全部显示"，单击"特征操作"工具栏的"修剪体"⬜图标，弹出"修剪体"对话框，如图 4-79 所示，系统提示选择要修剪的目标体，单击"视图"工具栏的"静态线框"⬚图标将模型改为线框显示，如图 4-80 所示，选择瓶身，在对话框中单击"刀具"下方的"选择面或平面"按钮，选择把手曲面，则显示修剪的预览，单击对话框中的"反向"⊠图标，使修剪箭头指向把手孔内部，单击"视图"工具栏的"带边着色"⬚图标将模型改为着色显示，如图 4-81 所示，单击"确定"按钮关闭对话框。若修剪方向不对时，可单击"反向"⊠图标改变修剪方向。

图 4-79 "修剪体"对话框

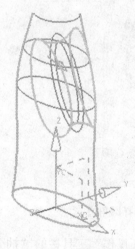

图 4-80 修剪模型

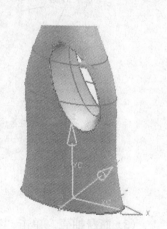

图 4-81 修剪预览

选中模型上所有的草图和基准平面，将光标置于选中的线条上右击，在弹出的快捷菜单中选择"隐藏"命令，将草图和基准面隐藏，结果如图 4-82 所示。

（2）把手孔倒圆角。单击"特征操作"工具栏的"边倒圆" 🔧 图标，弹出"边倒圆"对话框，如图 4-83 所示，系统提示为新集选择边，单击"视图"工具栏的"静态线框" 🔗 图标将模型改为线框显示，按图 4-84 所示选择把手孔的两条边和底边，在对话框中"Radius 1"输入框输入"2"，单击"确定"按钮关闭对话框。选中把手孔举升曲面右击，在弹出的快捷菜单中单击"隐藏"将曲面隐藏，单击"视图"工具栏的"带边着色" 📦 图标将模型改为着色显示，结果如图 4-85 所示。

图 4-82   瓶身模型   图 4-83   "边倒圆"对话框

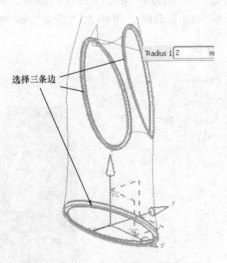

选择三条边

图 4-84   选择圆角边

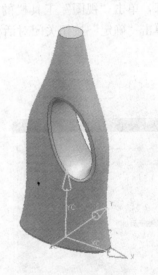

图 4-85   瓶身模型

（3）瓶身抽壳。单击"特征操作"工具栏的"抽壳" 🔧 图标，弹出"壳单元"对话框，如图 4-86 所示，系统提示选择要移除的面，选择瓶口上平面，在对话框中"厚度"输入框输入"1"，单击"确定"按钮完成抽壳操作，结果如图 4-87 所示。

图 4 - 86 "壳单元"对话框

图 4 - 87 瓶身抽壳

4. 创建瓶口部位

单击"特征"工具栏中的"草图" 图标，弹出"创建草图"对话框，如图 4 - 88 所示，选择瓶口部位小圆环面，单击"确定"按钮，则在瓶口平面创建一张草图。单击"视图"工具栏中的"正二侧视图" 图标，将模型按轴测图显示，单击"草图工具"工具栏中的"投影曲线" 图标，弹出如图 4 - 89 所示"投影曲线"对话框，按图 4 - 90 所示选择瓶口内边线，单击"确定"按钮关闭对话框，则该边线被提取出来。单击"草图工具"工具栏中的"偏置曲线" 图标，弹出如图 4 - 91 所示"偏置曲线"对话框，按图 4 - 92 所示选择刚才抽取的边线向外偏置，在对话框中"距离"输入框输入"0.5"，单击"确定"按钮关闭对话框，单击"完成草图" 按钮返回建模界面。

图 4 - 88 "创建草图"对话框

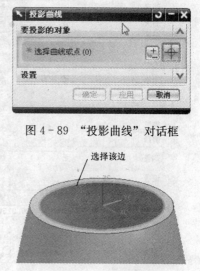

图 4 - 89 "投影曲线"对话框

图 4 - 90 抽取边线

图 4-91　"偏置曲线"对话框

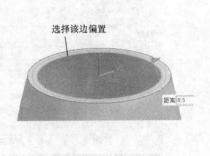

图 4-92　偏置曲线

　　单击"特征"工具栏中的"拉伸" 图标，弹出"拉伸"对话框，如图 4-93 所示，选择上一步创建的瓶口草图，在结束"距离"输入框输入"10"，"布尔"选项选"求和"，单击"确定"按钮关闭对话框。结果如图 4-94 所示。

图 4-93　"拉伸"对话框

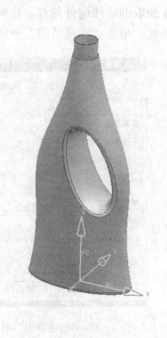

图 4-94　拉伸瓶口

单击"视图"工具栏的"静态线框" ⊛ 图标将模型改为线框显示方式，单击"实用工具"工具栏的"WCS 方向" 图标，弹出"CSYS"对话框，如图 4-95 所示，同时在原点显示一个带控标的坐标系，按图 4-96 所示用鼠标左键按住球形控标并向右拖动鼠标，则坐标系绕 X 轴转动，转到如图 4-97 所示位置，旋转角度为"-90"时松开鼠标左键，单击"确定"按钮关闭对话框。

选择菜单命令"插入"→"曲线"→"螺旋线"，或单击"曲线"工具栏的"螺旋线" ◉图标，弹出"螺旋线"对话框，如图 4-98 所示。在"圈数"输入框输入"3"，"螺距"输入框输入"2"，"半径"输入框输入"7.5"，单击"点构造器"，弹出"点"对话框，如图 4-99 所示，在"XC"输入框输入"0"，"YC"输入框输入"0"，"ZC"输入框输入"152"，单击"确定"按钮，返回"螺旋线"对话框，再次单击"确定"按钮关闭对话框，在瓶口部位创建一条螺旋线，如图 4-100 所示。

单击"特征操作"工具栏中的"基准平面" ◈ 图标，弹出如图 4-101 所示"基准平面"对话框，设置"类型"选项为"自动判断"，如图 4-102 所示捕捉螺旋线的下端点，单击"确定"按钮关闭对话框，则在该端点创建一个基准面。

图 4-95　"CSYS"对话框

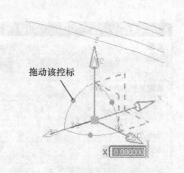

拖动该控标

图 4-96　调整坐标系方向

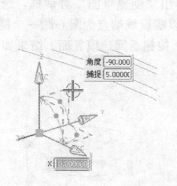

角度 -90.000
捕捉 5.0000

图 4-97　选中坐标系

图 4-98　"螺旋线"对话框

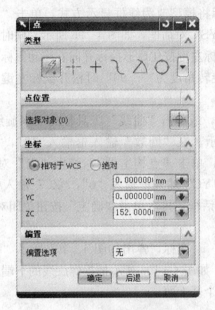

图 4-99　"点"对话框

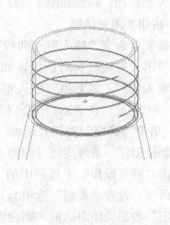

图 4-100　螺旋线

图 4-101　"基准平面"对话框

捕捉该端点

图 4-102　创建基准面

　　单击"特征"工具栏中的"草图" 图标，弹出"创建草图"对话框，选择上一步创建的基准面，单击"确定"按钮进入草图模式，以螺旋线端点为圆心画一个圆，标注其直径 1，如图 4-103 所示，单击"完成草图" 按钮返回建模界面，结果如图 4-104所示。

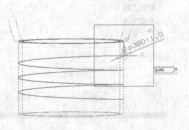

图 4-103　绘制螺纹截面

图 4-104　螺纹截面

图 4-105　"沿引导线扫掠"对话框

单击"特征"工具栏中的"沿引导线扫掠"  图标，弹出"沿引导线扫掠"对话框，如图 4-105 所示，同时系统提示为截面选择曲线链，选择图 4-104 中的小圆作为扫掠的截面，在图 4-105 所示对话框中单击"引导线"下方的"选择曲线"，选择螺旋线作为扫描引导线，设置"布尔"选项为"求和"，单击"确定"按钮完成螺纹的创建。单击"视图"工具栏的"带边着色"  图标将模型改为着色显示方式，结果如图 4-106 所示。至此完成了沐浴露瓶的全部造型。选中所有的草图、基准面和坐标系，右击，在弹出的快捷菜单中选择"隐藏"，则得到如图 4-51 所示的沐浴露瓶模型。

图 4-106　瓶口螺纹

4.4　实训 1：果汁杯

创建如图 4-107 所示果汁杯的曲面模型。

4.4.1　果汁杯造型分析

果汁杯杯身部分由网格曲面构成，底座由扫描曲面构成，把手部位由举升曲面构成。可先分别创建三部分的曲面，然后利用曲面修剪和曲面倒圆角完成果汁杯模型。

4.4.2　构建果汁杯线框图

1. 绘制底部截面

启动 UG NX 6.0 软件，单击"标准"工具栏的"新建"图标，弹出"新建"对话框，择新建模型，指定文件名称"guo_zhi_bei"，文件夹"F:\UG_FILE\"，单击"确定"按钮关闭对话框。

图 4-107　果汁杯

单击"曲线"工具栏中的"椭圆"  图标，弹出如图 4-108 所示"点"对话框，同时系统提示指定椭圆中心，直接单击"确定"按钮将坐标原点作为椭圆中心，弹出如图 4-109 所示"椭圆"对话框，输入椭圆"长半轴""60"，"短半轴""40"，其余参数按默认值，单击"确定"按钮，则在绘图区出现一个椭圆，如图 4-110 所示。单击"取消"按钮关闭对话框。

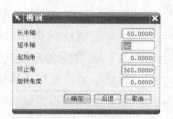

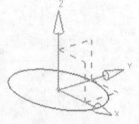

图 4-108　"点"对话框　　　图 4-109　"椭圆"对话框　　　图 4-110　底部椭圆截面

2. 绘制顶部截面

单击"特征操作"工具栏中的"基准平面" □· 图标，弹出如图 4-111 所示"基准平面"对话框，在绘图区选择代表 X-Y 平面的虚线框，则"基准平面"对话框变为图 4-112 所示，在"距离"输入框输入"160"，单击"确定"按钮，则在 X-Y 平面上方创建一个新的基准平面，如图 4-113 所示。

图 4-111　"基准平面"　　　　图 4-112　"基准平面"　　　　图 4-113　创建基
　　　对话框（一）　　　　　　　对话框（二）　　　　　　　准平面

单击"特征"工具栏中的"草图" ⬚ 图标，弹出如图 4-114 所示"创建草图"对话框，选择刚才创建的新基准面，单击"确定"按钮进入草图模式，单击"草图工具"工具栏中的"直线" ╱ 图标，按图 4-115 所示从原点开始向左画水平线段 1，再从原点开始向右画水平线段 2，单击"草图工具"工具栏中的"圆" ○ 图标，以右端点为圆心画圆 1，单击"草图工具"工具栏中的"圆弧" ⌐ 图标，从水平线段 1 左端点开始画圆弧 2，按图 4-116 所示标注尺寸，单击"草图工具"工具栏中的"约束" ⬚ 图标，选择圆和椭圆，在弹出的"约束"对话框中单击"相切" ◎ 图标；继续选择圆和圆弧，在弹出的"约束"对话框中单击"相切" ◎ 图标；选择菜单命令"插入"→"来自曲线集的曲线"→"镜像曲线"，或单击"草图工具"工具栏中的"镜像曲线" ⬚ 图标，弹出"镜像曲线"对话框，如图 4-117 所示，系统提示为中心线选择线性对象或平面，选择水平线作为镜像中心线，选择半径 R100

的圆弧，单击"确定"按钮关闭对话框；单击"草图工具"工具栏中的"快速修剪" ⌧ 图标对圆进行修剪；选中两条水平线段，单击"草图工具"工具栏中的"转换至/自参考对象" ⌧ 图标转换为参考线，结果如图 4-118 所示。选择菜单命令"编辑"→"曲线"→"分割"，或单击"编辑曲线"工具栏中的"分割曲线" ⌧ 图标，弹出"分割曲线"对话框，如图 4-119 所示，同时系统提示选择要分割的曲线，选择图 4-118 中半径 R40 的小圆弧，在对话框中"段数"输入框输入 2，单击"确定"按钮关闭对话框，则该圆弧被分割为两段。单击"完成草图" ⌧ 完成草图 按钮返回建模界面，顶部和底部截面如图 4-120 所示。

图 4-114 "创建草图"对话框

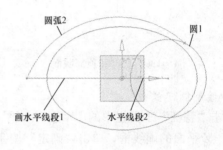

图 4-115 顶部截面草图（一）

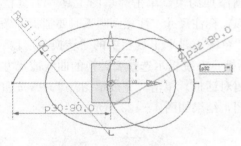

图 4-116 顶部截面草图（二）

图 4-117 "镜像曲线"对话框

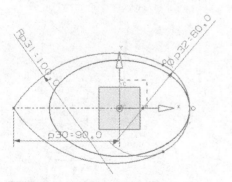

图 4-118 顶部截面草图（三）

图 4-119 "分割曲线"对话框

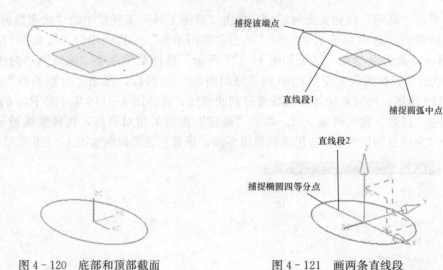

图 4-120　底部和顶部截面　　　　　　　　图 4-121　画两条直线段

3. 绘制侧向截面

单击"特征"工具栏中的"草图" 🔛 图标,弹出"创建草图"对话框,在绘图区选择代表 X-Z 平面的虚线框,单击"确定"按钮进入草图模式。单击"视图"工具栏中的"正二测视图" 🔍 图标将视角转为轴测图方向,单击"草图工具"工具栏中的"直线" ✏ 图标,按图 4-121 所示画直线段 1 和 2,单击"草图工具"工具栏中的"约束" 📐 图标,系统提示选择要创建约束的曲线,选择椭圆,接着捕捉下方直线的左端点,在弹出的"约束"对话框中单击"固定" 🔲 图标;继续选择椭圆,捕捉下方直线的右端点,在弹出的"约束"对话框中单击"固定" 🔲 图标为直线段和椭圆添加约束。单击"草图工具"工具栏中的"圆弧" 🔾 按钮,按图 4-122 所示绘制两条圆弧,标注尺寸(注意画圆弧时要捕捉两条直线段的端点,不要捕捉椭圆的四等分点)。单击"草图工具"工具栏中的"转换至/自参考对象" 🔲 图标,弹出"转换至/自参考对象"对话框,系统提示选择要转换的曲线或尺寸,选择两条直线段,单击对话框的"确定"按钮关闭对话框。单击"完成草图" 🔳完成草图 按钮返回建模界面。至此完成了果汁杯杯身部分的线框图,结果如图 4-123 所示。

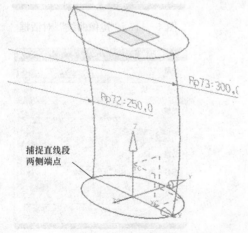

图 4-122　画侧向圆弧

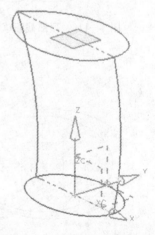

图 4-123　果汁杯杯身线框图

4. 创建底座截面

单击"特征"工具栏中的"草图" 图标，弹出"创建草图"对话框，在绘图区选择代表 X-Z 平面的虚线框，单击"确定"按钮进入草图模式。单击"草图工具"工具栏中的"圆弧" 图标，绘制如图 4-124 右下角所示的圆弧，标注尺寸，单击"完成草图" 按钮返回建模界面。

5. 创建把手部位截面

单击"特征"工具栏中的"草图" 图标，弹出"创建草图"对话框，在绘图区选择代表 X-Z 平面的虚线框，单击"确定"按钮进入草图模式。按图 4-125 所示绘制把手孔截面 1，标注尺寸，添加必要的约束，单击"完成草图" 按钮返回建模界面。

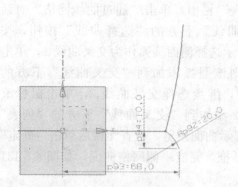

图 4-124　果汁杯底座截面

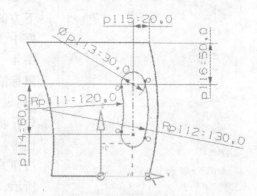

图 4-125　把手孔截面（一）

单击"特征"工具栏中的"草图" 图标，弹出"创建草图"对话框，在绘图区选择代表 X-Z 平面的虚线框，单击"确定"按钮进入草图模式。单击"草图工具"工具栏的"偏置曲线" 图标，弹出"偏置曲线"对话框，如图 4-126 所示，同时系统提示选择曲线，选中图 4-125 所示把手孔截面 1，在对话框中"距离"输入框输入"5"，单击"确定"按钮关闭对话框，得到把手孔截面 2，如图 4-127 所示。单击"完成草图" 按钮返回建模界面，至此完成了果汁杯全部线框图绘制，结果如图 4-128 所示。

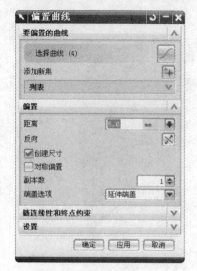

图 4-126　"偏置曲线"对话框

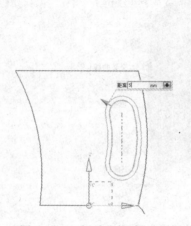

图 4-127　把手孔截面（二）

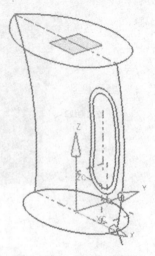

图 4-128　果汁杯线框图

4.4.3 构建果汁杯曲面

1. 创建果汁杯杯身网格曲面

单击"曲面"工具栏中的"通过曲线网格" 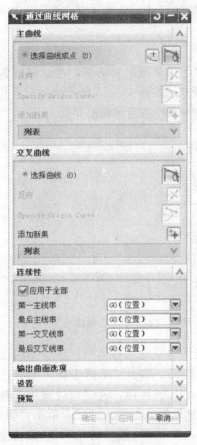 图标，弹出"通过曲线网格"对话框，如图 4-129 所示。参考图 4-46 所示将"曲线规律"选项设为"单条曲线"，在绘图区按图 4-130 所示选择果汁杯顶部截面的两条圆弧作为主曲线 1，单击鼠标中键（滚轮），则该曲线添加到"主曲线"下方的"列表"栏中，继续选择底部椭圆作为主曲线 2，单击鼠标滚轮，则椭圆曲线添加到"主曲线"下方的"列表"栏中。单击"通过曲线网格"对话框中"交叉曲线"下方的"选择曲线"按钮，按图 4-130 所示选择侧面圆弧作为交叉曲线 1，单击鼠标滚轮，则该圆弧添加到"交叉曲线"下方的"列表"栏中，继续选择交叉曲线 2，单击鼠标滚轮，将圆弧 2 添加到"交叉曲线"下方的"列表"栏中，此时显示曲面预览，检查无误后单击"确定"按钮关闭对话框，完成一侧网格曲面，如图 4-131 所示。

图 4-129　"通过曲线网格"对话框

　　镜像另一侧网格曲面。单击"特征操作"工具栏中的"镜像特征" 图标，弹出"镜像特征"对话框，如图 4-132 所示，选择图 4-131 所示网格曲面作为要镜像的特征，在"镜像特征"对话框单击"指定平面"按钮，选择代表 X-Z 平面的虚线框作为镜像平面，单击"确定"按钮得到果汁杯杯身部分，如图 4-133 所示。

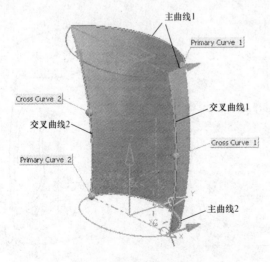

图 4-130　创建网格曲面

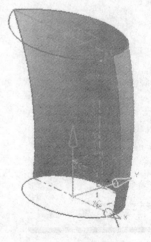

图 4-131　网格曲面 1

图 4-132 "镜像特征"对话框

图 4-133 杯身网格曲面

2. 创建把手部位举升曲面

（1）创建把手孔投影曲线。单击"视图"工具栏中的"静态线框" ⊘图标将模型显示改为线框显示方式，如图 4-134 所示。单击"曲线"工具栏中的"投影曲线" 图标，弹出"投影曲线"对话框，如图 4-135 所示。按图 4-136 所示选择把手孔外截面 2 作为要投影的曲线，在"投影曲线"对话框中单击"选择对象"按钮，按图 4-136 选择两侧网格曲面，在对话框中"投影方向"选项设为"沿矢量"，在"指定矢量"右侧下拉选项中选，将"投影选项"右侧下拉选项设为"投影两侧"，单击"确定"按钮，则将把手截面 2 投影到杯身曲面上，得到两条投影曲线，如图 4-137 所示。

（2）创建把手部位举升曲面。单击"曲面"工具栏中的"通过曲线组" 图标，弹出"通过曲线组"对话框，如图 4-138 所示，按图 4-46 所示将"曲线规则"选项设为"相连曲线"，按图 4-139 所示位置单击刚才创建的一条投影线作为截面 1，单击鼠标滚轮，将投影线 1 作为第一个截面；选择截面 2（把手孔内截面），单击鼠标滚轮，将截面 2 作为第二

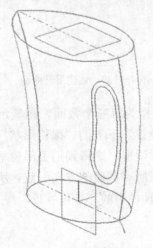

图 4-134 模型线框显示

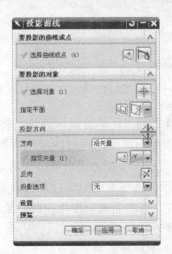

图 4-135 "投影曲线"对话框

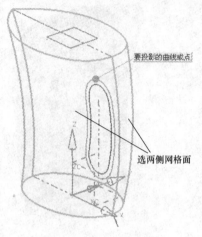

图 4-136 投影曲线

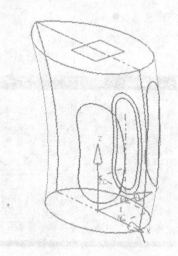

图 4-137 把手投影线

图 4-138 "通过曲线组"对话框

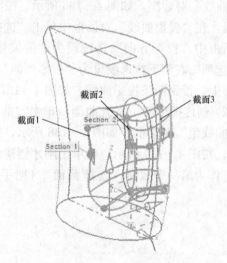

图 4-139 创建举升曲面

个截面；选择截面 3，单击鼠标滚轮，将另一条投影线作为第三个截面，则显示把手部位举升曲面的预览，单击"通过曲线组框"对话框中"设置"下方的"保留形状"按钮，取消选项前的"√"，检查无误后单击"确定"按钮关闭对话框，则得到把手部位举升曲面如图 4-140 所示。选择截面时要注意选取点的位置，保证所有截面的方向一致，所有截面的起点位置对应，否则曲面会发生扭曲。单击"视图"工具栏中的"带边着色" 图标将模型显示改为着色显示，如图 4-141 所示。

3. 创建底座扫掠曲面

底座曲面由一个截面沿一条引导线扫掠而成，可用"特征"工具栏中的"沿引导线扫掠"图标完成。单击"特征"工具栏中的"沿引导线扫掠"图标，弹出"沿引导线扫掠"对话框，如图 4-142 所示，系统提示为截面选择曲线链，单击"视图"工具栏中的"静态线框"图标将模型显示改为线框显示，按图 4-143 所示选择圆弧作为扫掠截面，单击"沿引导线扫掠"对话框中"引导线"下方的"选择曲线"，选择杯底椭圆作为扫掠的引导线，在"沿引导线扫掠"对话框中将"设置"下方的"体类型"选项改为"片体"，单击"确定"按钮完成扫掠曲面的构建。单击"视图"工具栏中的"带边着色"图标将模型显示改为着色显示，结果如图 4-144 所示。

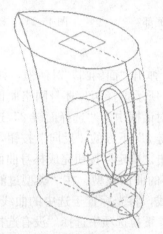

图 4-140　把手举升曲面（一）

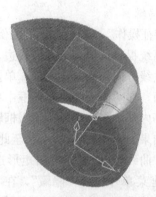

图 4-141　把手举升曲面（二）

图 4-142　"沿引导线扫掠"对话框

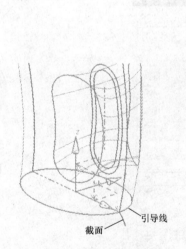

图 4-143　扫掠截面和引导线

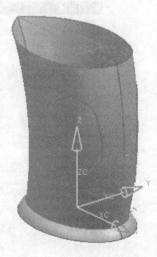

图 4-144　底座扫掠曲面

4. 创建杯底平面

单击"特征"工具栏中的"有界平面"图标，弹出"有界平面"对话框，如图 4-145 所示，系统提示选择有界平面的曲线，旋转模型到如图 4-146 所示位置，按图 4-146 所示选择杯底椭圆，单击"确定"按钮完成杯底平面的构建，如图 4-147 所示。至此完成了果汁杯各部分曲面的构建。

图 4-145 "有界平面"对话框

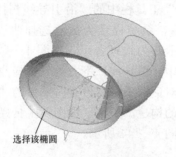

图 4-146 果汁杯底部

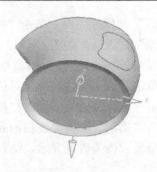

图 4-147 杯底平面

5. 曲面编辑

单击"特征操作"工具栏中的"面倒圆" 图标，弹出"面倒圆"对话框，如图 4-148 所示，同时系统提示选择链 1 的面或边，按图 4-149 所示选择两片杯身网格曲面，注意使两片曲面的法线方向都指向杯内部，单击"面倒圆"对话框中的"选择面链 2"选项，选择把手举升曲面，在"面倒圆"对话框中单击"选择面链 2"下方的"反向"按钮，使曲面法线方向指向杯内部，在"半径"输入框输入"2"，单击"确定"按钮完成杯身曲面和把手曲面倒圆角，结果如图 4-150 所示。至此完成了果汁杯的曲面模型。在"类型过滤器"下拉选项中选择"曲线"，用鼠标拉出矩形选择所有的曲线，将光标置于选中的曲线上，右击，在弹出的快捷菜单中选择"隐藏"，在"类型过滤器"下拉选项中选择"没有选择过滤器"，选择杯顶面的基准面，将光标置于选中的基准面上，右击，在弹出的快捷菜单中选择"隐藏"，则得到图 4-107 所示果汁杯曲面模型。

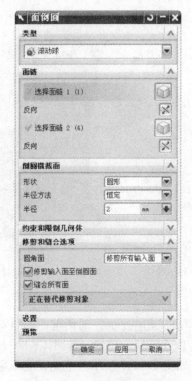

图 4-148 "面倒圆"对话框

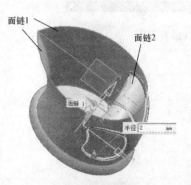

图 4-149 面倒圆操作

图 4-150 把手部位面倒圆结果

4.5　实训 2：轮毂

创建如图 4-151 所示汽车轮毂的曲面模型。

4.5.1　轮毂曲面造型分析

轮毂主体表面和 6 个螺钉孔都属于回转曲面，6 个大的型孔可由直纹曲面生成。可先分别创建出各部分曲面，然后利用曲面修剪或倒圆角即可得到轮毂曲面模型。

图 4-151　轮毂

4.5.2　构建轮毂的线架图

1. 构建轮圈回转截面

启动 UG NX 6.0 软件，在软件窗口单击"标准"工具栏的"新建" 图标，弹出"新建"对话框，选择新建模型，指定文件名称"lun_gu"，文件夹"F:\UG_FILE\"，单击"确定"按钮关闭对话框。

单击"特征"工具栏的"草图" 图标，弹出"创建草图"对话框，在绘图区选择代表 Y-Z 平面的虚线框，单击"确定"按钮，则在 Y-Z 平面创建一张草图。绘制如图 4-152 所示的大概图形，单击"草图工具"工具栏的"镜像" 图标，弹出"镜像曲线"对话框，系统提示为中心线选择线性对象或平面，选择如图 4-153 所示的镜像中心线，接着用鼠标拉出矩形框选择要镜像的曲线，单击对话框的"确定"按钮关闭对话框，结果如图 4-154 所示。按图 4-155 所示绘制圆弧，选中圆弧旁的垂直辅助线，单击"草图工具"工具栏的"转换为/自参考对象" 图标将其转换为参考线，按图 4-155 所示标注尺寸，完成后单击"完成草图" 按钮返回建模界面。轮圈截面的草图如图 4-156 所示。

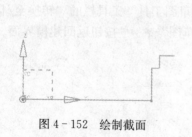

图 4-152　绘制截面

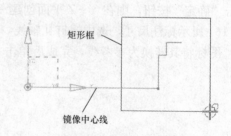

图 4-153　镜像曲线操作

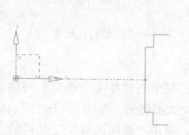

图 4-154　轮圈截面

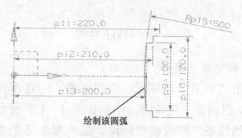

图 4-155　标注尺寸

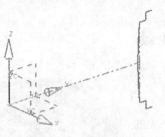

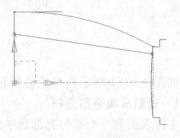

图 4-156 轮圈截面　　　　　　　　　　　　图 4-157 辐板截面

2. 构建辐板回转截面

单击"草图"〔〕图标，弹出"创建草图"对话框，在绘图区选择代表 Y-Z 平面的虚线框，单击"确定"按钮，则在 Y-Z 平面创建一张草图。绘制如图 4-157 所示的大概图形，按图 4-158 所示标注尺寸，选中水平和垂直的两条辅助线，单击"草图工具"工具栏的"转换至/自参考对象"〔〕图标将其转换为参考线，完成后单击"完成草图"〔完成草图〕按钮返回建模界面。辐板截面的草图如图 4-159 所示。

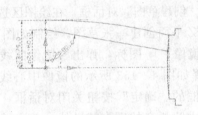

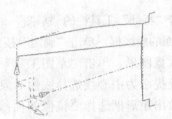

图 4-158 辐板草图　　　　　　　　　　　　图 4-159 辐板截面草图

3. 构建螺钉孔回转截面

单击"草图"〔〕图标，弹出"创建草图"对话框，在绘图区选择代表 Y-Z 平面的虚线框，单击"确定"按钮，则在 Y-Z 平面创建一张草图。绘制如图 4-160 所示的大概图形，按图 4-161 所示标注尺寸，选中螺钉孔轴线，单击"草图工具"工具栏的"转换至/自参考对象"〔〕图标将其转换为参考线，完成后单击"完成草图"〔完成草图〕按钮返回建模界面。

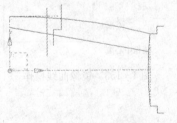

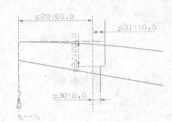

图 4-160 螺钉孔草图　　　　　　　　　　　图 4-161 螺钉孔尺寸

4. 构建型孔截面

单击"草图"〔〕图标，在弹出的"创建草图"对话框中直接单击"确定"按钮，则在 X-Y 平面创建一张草图，绘制如图 4-162 所示的一个大概图形，按图 4-163 所示标注尺寸，添加线条之间的相切约束，选中最上方的水平线，单击"草图工具"工具栏的"转换至/自参考对象"〔〕图标将其转换为参考线。单击"草图工具"工具栏的"镜像"〔〕图标，弹出"镜像曲线"对话框，系统提示为中心线选择线性对象或平面，选择如图 4 - 163 所示的镜像中心线，接着用鼠标拉出如图 4 - 163 所示的矩形框选择要镜像的曲线，单击对话框的"确定"按钮关闭对话框。单击"草图工具"工具栏的"快速裁剪" 图标，对图形进行裁剪，结果如图 4 - 164 所示。单击"完成草图" 按钮返回建模界面。

单击"草图" 图标，在弹出的"创建草图"对话框中直接单击"确定"按钮，则在 X-Y 平面创建一张草图，单击"草图工具"工具栏的"偏置曲线" 图标，弹出"偏置曲线"对话框，如图 4 - 165 所示，系统提示选择曲线，选择上一步绘制的草图，则显示曲线偏置的预览如图 4 - 166 所示，在"距离"输入框输入"10"，单击"确定"按钮关闭对话框，单击"完成草图" 按钮返回建模界面。至此完成了轮毂全部线架的绘制，结果如图 4 - 167 所示。

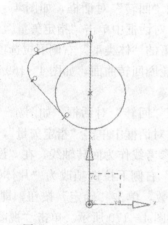

图 4 - 162　型孔截面

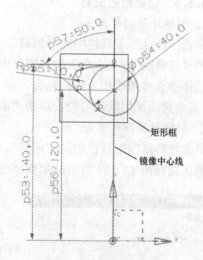

图 4 - 163　型孔尺寸

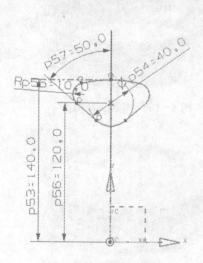

图 4 - 164　型孔草图

图 4 - 165　"偏置曲线"对话框

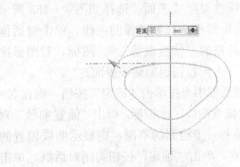

图 4-166　偏置曲线

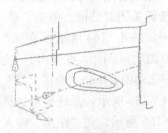

图 4-167　轮毂线框图

4.5.3　创建轮毂曲面

1. 创建轮圈回转曲面

单击"特征"工具栏中的"回转" 图标，出现"回转"对话框，如图 4-168 所示。在绘图区选择图 4-156 所示的轮圈草图，在"回转"对话框中单击"指定矢量"，然后在绘图区选择垂直参考线作为回转轴线，在"设置"选项下的"体类型"右侧下拉选项改为"片体"，其余选项采用默认参数，单击"确定"，即得到轮圈回转曲面，如图 4-169 所示。

2. 创建辐板回转曲面

单击"特征"工具栏中的"回转" 图标，打开"回转"对话框，如图 4-168 所示。在绘图区选择图 4-159 所示的辐板草图，在"回转"对话框中单击"指定矢量"，然后在绘图区选择垂直参考线作为回转轴线，在"设置"选项下的"体类型"右侧下拉选项改为"片体"，其余选项采用默认参数，单击"确定"按钮，即得到辐板回转曲面，如图 4-170 所示。单击"视图"工具栏中的"编辑工作截面" 图标，打开"查看截面"对

图 4-168　"回转"对话框

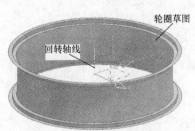

图 4-169　轮圈回转曲面

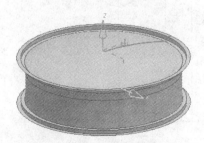

图 4-170　辐板回转曲面

话框，如图 4-171 所示，单击"方位"下方的"设置平面至 X" 图标，单击"确定"按钮关闭对话框；单击"视图"工具栏中的"剪切工作截面" 图标，显示模型的断面如图 4-172 所示。再次单击"视图"工具栏中的"剪切工作截面" 图标，取消工作截面显示。

3. 创建螺钉孔回转曲面

单击如图 4-173 所示"视图"工具栏中的"静态线框" 图标，将模型改为线框显示，单击"特征"工具栏中的"回转" 图标，弹出"回转"对话框，按图 4-174 所示选择螺钉孔草图，在"回转"对话框中单击"指定矢量"，然后按图 4-174 所示选择螺钉孔轴线，在"设置"选项下的"体类型"右侧下拉选项改为"片体"，其余选项采用默认参数，单击"确定"按钮，即得到螺钉孔回转曲面，如图 4-174 所示。

图 4-171 "查看截面"对话框

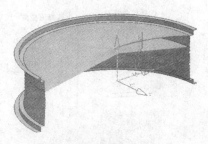

图 4-172 辐板断面

图 4-173 对象显示选项

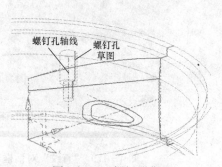

图 4-174 螺钉孔曲面

图 4-175 "投影曲线"对话框

4. 创建型孔直纹曲面

（1）创建型孔投影线。选择轮圈曲面，右击，在弹出的快捷菜单中选择"隐藏"，将轮圈曲面隐藏。单击"曲线"工具栏中的"投影曲线" 图标，弹出"投影曲线"对话框，如图 4-175 所示。在绘图区按图 4-176 所示选择型孔外曲线，在"投影曲线"对话框中单击"选择对象"，然后在绘图区选择辐板上面作为投影面，在"投影曲线"对话框中"投影方向"选项选"沿面的法向"，其余选项采用默认参数，单击"确定"按钮，即得到型孔的第一条投影线，如图 4-177 所示。用同样的方法按图 4-178 所示将型孔内曲线投影到辐板底面，得到型孔的第二条投影线，如图 4-178 所示。

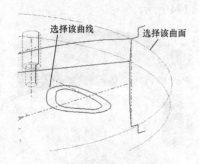

图 4-176　曲线投影操作

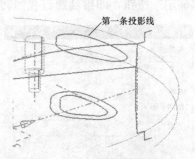

图 4-177　第一条投影线

（2）创建型孔直纹曲面。单击"曲面"工具栏的"直纹" 图标，弹出"直纹"对话框，如图 4-179 所示，系统提示为截面 1 选择曲线，将"曲线规划"下拉选项设为"相连曲线"，按图 4-180 所示选择刚才创建的第二条投影线作为截面线串 1，单击鼠标中键（滚轮），系统提示为截面 2 选择曲线，再次将"曲线规则"下拉选项设为"相连曲线"，按图 4-180 所示选择刚才创建的第一条投影线作为截面线串 2，注意要使两个截面的方向一致，线串的起点相对应，单击"直纹"对话框中"设置"下方的"保留形状"，取消其前的"√"，单击"确定"按钮完成形孔直纹曲面的创建。单击"视图"工具栏中的"带边着色" 图标将显示方式改为带边着色显示，选中辐板的上、下两个曲面，右击，在弹出的快捷菜单中选择"隐藏"，结果如图 4-181 所示。

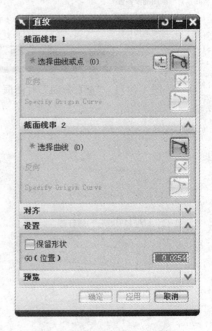

图 4-179　"直纹"对话框

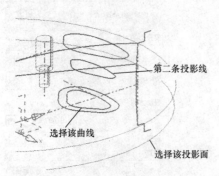

图 4-178　第二条投影线

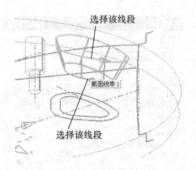

图 4-180 型孔直纹曲面

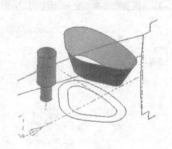

图 4-181 型孔直纹曲面

5. 曲面编辑

(1) 螺钉孔圆周阵列。按 Ctrl+T 快捷键或单击"变换" 图标(该图标可通过定制调出,选择菜单命令"工具"→"定制",在弹出的"定制"对话框中单击"命令"选项页,在"类别"下方列表中单击"编辑",则在"命令"下方列表中显示"变换"命令,用鼠标将"变换"命令拖到任一工具条中方便以后使用),弹出"变换"对话框,如图 4-182 所示,在绘图区选择螺钉孔回转曲面,单击"变换"对话框中的"确定"按钮,则对话框变为图 4-183 所示,单击"圆形阵列"按钮,弹出图 4-184 所示"点"对话框,系统提示选择圆形阵列参考点,按图 4-184 所示设置"XC"为"0","YC"为"60","ZC"为"0",单击"确定"按钮,弹出如图 4-185 所示"点"对话框,系统提示选择圆形阵列原点,按图 4-185 所示设置阵列原点坐标"0,0,0",单击"确定"按钮,弹出"变换"对话框,如图 4-186 所示,系统提示输入阵列大小,按图 4-186 所示设置"半径"为"60","起始角"为"90","角度增量"为"60","数字"为"6",单击"确定"按钮,弹出如图 4-187 所示"变换"对话框,系统提示选择操作,单击对话框中的"复制"按钮,则螺钉孔阵列如图 4-188 所示。单击对话框的"取消"按钮关闭对话框。

(2) 型孔曲面镜像。单击"特征操作"工具栏的"基准平面" 图标,弹出"基准平面"对话框,如图 4-189 所示,系统提示选择对象以定义平面,在绘图区选择代表 Y-Z 平面的虚线框,继续选择坐标系 Z 轴,则对话框变为图 4-190 所示。在"角度"输入框输入"30",单击"应用"按钮,则创建一个新基准平面;继续选择代表 Y-Z 平面的虚线框和坐标系 Z 轴,在对话框"角度"输入框输入"-30",单击"确定"按钮关闭对话框。新建的两个基准面如图 4-191 所示。

图 4-182 "变换"对话框(一)

图 4-183 "变换"对话框(二)

图 4-184 "点"对话框（一）

图 4-185 "点"对话框（二）

图 4-186 "变换"对话框（三）

图 4-187 "变换"对话框（四）

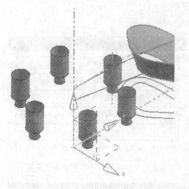

图 4-188 螺钉孔阵列

图 4-189 "基准平面"对话框（一）

图 4-190 "基准平面"对话框（二）

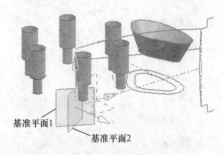

图 4-191 新建基准平面

单击"特征操作"工具栏的"镜像特征" 图标，弹出"镜像特征"对话框，如图 4-192 所示，系统提示选择镜像特征，选择型孔曲面，单击鼠标中键（滚轮），接着选择代表 X-Z 平面的虚线框，单击"应用"按钮，则型孔曲面向一侧镜像，如图 4-193 所示；继续 按图 4-193 所示选择两个型孔曲面，单击鼠标中键 （滚轮），接着选择图 4-193 中的基准平面，单击 "应用"按钮；继续按图 4-193 选择两个型孔曲面， 单击鼠标中键（滚轮），接着选择图 4-191 中的基准 平面1，单击"确定"按钮，结果如图 4-194 所示。 单击"实用工具"工具栏的"显示" 图标，弹出 如图 4-195 所示"类选择"对话框，系统提示选择 要显示的对象，同时在绘图区显示所有隐藏的对象， 选择辐板的上下表面，单击"确定"按钮关闭对话 框，结果如图 4-196 所示。单击"视图"工具栏中的 "静态线框" 图标将显示方式改为线框显示，结果如 图 4-197 所示。

图 4-192 "基准平面"
对话框（三）

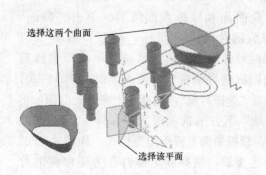

图 4-193 型孔镜像操作

图 4-194 型孔曲面镜像

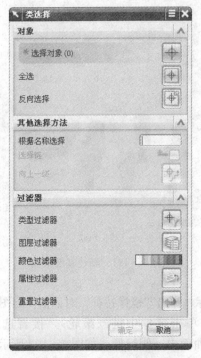

图 4-195 "类选择"对话框

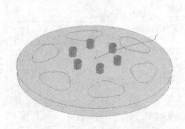

图 4-196 轮毂表面

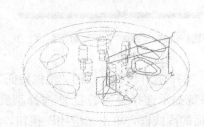

图 4-197 轮毂表面

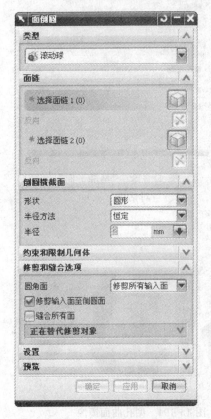

图 4-198 "面倒圆"对话框

（3）型孔曲面和辐板曲面倒圆角。单击"特征操作"工具栏的"面倒圆" 图标，弹出"面倒圆"对话框，如图 4-198 所示，系统提示选择链 1 的面或边，选择辐板上面（注意要使其法线方向向下，如果方向不对可单击"反向" 图标改变方向），单击"面倒圆"对话框中"选择面链 2"，系统提示选择链 2 的面或边，选择一个型孔曲面（注意要使型孔曲面的法线方向向外），在对话框"半径"输入框输入"2"，单击"应用"按钮完成一处曲面倒圆角，如图 4-199 所示；按同样的方法将辐板上下表面和六个型孔曲面倒圆角（辐板下表面的法线方向应向上），结果如图 4-200 所示。

（4）螺钉孔曲面和辐板曲面修剪。单击"曲面"工具栏的"修剪的片体" 图标，弹出如图 4-201 所示的"修剪的片体"对话框，系统提示选择要修剪的片体，在绘图区选择辐板上下两面，单击图 4-201 所示对话框中的"选择对象"，选择 6 个螺钉孔曲面，将对话框中"区域"下方的选项改为"保持"，单击"应用"按钮，则在辐板曲面上修剪出螺钉孔，如图 4-202 所示；重复上述步骤，选择 6 个螺钉孔为要修剪的片体，单击对话框中"边界对象"下方的"选择对象"，选辐板上下两面，单击"确定"按钮，修剪后的结果如图4-203所示。至此完成了整个轮毂曲面模型的创建。单击"实用工具"工具栏中的"显示" 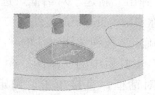 图标，弹出"类选择"对话框，并在绘图区显示所有隐藏的对象，选中全部曲面后单击"确定"按钮将隐藏的曲面显示，结果如图4-204所示。将所有的曲线、基准面、坐标系隐藏，则得到如图4-151所示的轮毂曲面模型。

图4-199　面倒圆结果

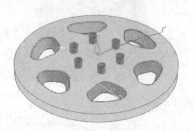

图4-200　面倒圆结果

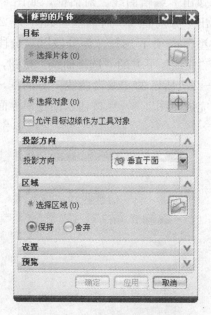

图4-201　"修剪的片体"对话框

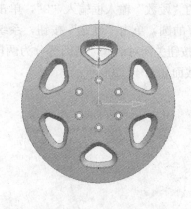

图4-202　修剪辐板曲面

图4-203　修剪螺钉孔

图4-204　轮毂曲面

4.6　实训3：水龙头把手

创建如图4-205所示水龙头把手的曲面模型。

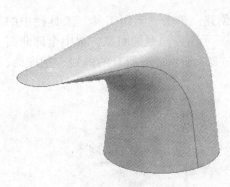

图 4 - 205　水龙头把手

4.6.1　水龙头把手造型分析

水龙头把手形状复杂，可用网格曲面生成。

4.6.2　构建水龙头把手线框图

1. 构建把手底部截面

启动 UG NX 6.0 软件，单击"标准"工具栏的"新建"⬚图标，弹出"新建"对话框，选择新建模型，指定文件名称"ba_shou"，文件夹"F:\UG_FILE\"，单击"确定"按钮关闭对话框。

单击"特征"工具栏中的"草图"⬚图标，弹出"创建草图"对话框，直接单击"确定"按钮，则在 X - Y 平面创建一张草图，以坐标原点为圆心画一个圆，标注直径 30，如图 4 - 206 所示。选择下拉菜单"编辑"→"曲线"→"全部"，弹出"编辑曲线"对话框，如图 4 - 207 所示。在对话框上部选择"分割曲线"⬚图标，弹出"分割曲线"对话框，如图 4 - 208 所示，系统提示选择要分割的曲线，在对话框中"类型"选项下选择"等分段"，"分段"选项下方的"段数"输入框输入"2"，单击对话框中"曲线"下方的"选择曲线"按钮，选择刚才画好的圆，单击"确定"按钮，系统返回图 4 - 207 所示的"编辑曲线"对话框，单击"取消"按钮关闭对话框，则圆等分为两段，单击"完成草图"⬚按钮返回建模界面。把手底面截面如图 4 - 209 所示。

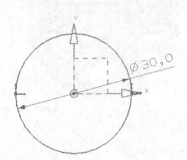

图 4 - 206　把手底部草图

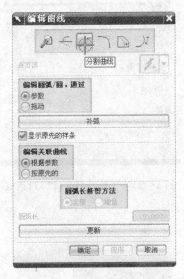

图 4 - 207　"编辑曲线"对话框

图 4 - 208　"分割曲线"对话框

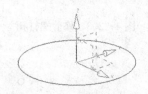

图 4 - 209　把手底部截面

2．创建把手顶部截面

单击"特征操作"工具栏中的"基准平面" □· 图标，弹出"基准平面"对话框，如图 4-210 所示，在绘图区选择代表 X-Y 平面的虚线框，则"基准平面"对话框变为如图 4-211 所示，在"距离"输入框输入"30"，单击"确定"按钮，则在 X-Y 平面上方创建一个新的基准平面，如图 4-212 所示。

单击"特征"工具栏中的"草图" ▦ 图标，弹出"创建草图"对话框，选择刚才创建的新的基准面，单击"确定"按钮，则在新基准平面创建一张草图。绘制如图 4-213 所示的大概图形，选中 3 条直线，单击"草图工具"工具栏中的"转换至/自参考线" ▦ 图标将其转换为参考线，按图 4-214 所示标注尺寸，单击"草图工具"工具栏中的"快速修剪" ▨ 图标修剪小圆，单击"完成草图" ▨完成草图 按钮返回建模界面，结果如图 4-215 所示。

3．创建把手中截面

单击"特征"工具栏中的"草图" ▦ 图标，弹出"创建草图"对话框，选择代表 Y-Z 平面的虚线框，单击"确定"按钮，则在 Y-Z 平面创建一张草图，按图 4-216 所示绘制把手中截面图形，注意使竖直方向的两条斜线段通过把手顶部截面大圆的等分点，按图 4-217 所示倒圆角 R18 和 R12，标注尺寸，单击"完成草图" ▨完成草图 按钮返回建模界面，结果如图 4-218 所示。

图 4-210 "基准平面"对话框（一）

图 4-211 "基准平面"对话框（二）

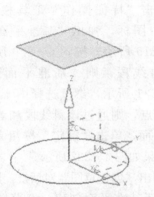

图 4-212 把手顶部基准面

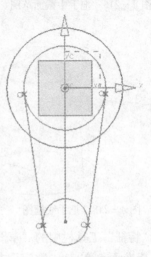

图 4-213 把手顶部截面

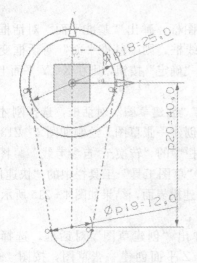

图 4 - 214　把手顶部截面尺寸

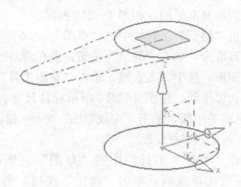

图 4 - 215　把手的两个截面

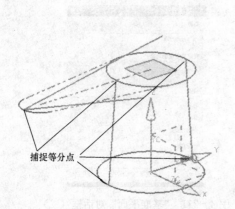

图 4 - 216　把手中截面草图

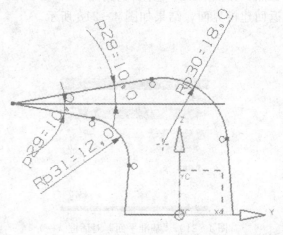

图 4 - 217　把手中截面尺寸

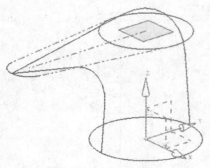

图 4 - 218　把手线框图

4. 创建把手侧面草图

单击"特征操作"工具栏中的"基准平面" 图标，弹出"基准平面"对话框，如图 4 - 219 所示，按图 4 - 220 所示选择顶部截面的斜线段，则"基准平面"对话框变为图 4 - 221 所示，继续选择图 4 - 220 所示底部圆等分点，则通过该斜线段和等分点创建一个新基准面，单击"确定"按钮完成基准平面创建，结果如图 4 - 222 所示。

单击"特征"工具栏中的"草图" 图标，弹出"创建草图"对话框，选择如图 4 - 222 所示的新基准面，单击"确定"按钮，则在该新基准平面创建一个草图，将模型旋转到适当位置，按图 4-223 所示绘制两条线段（画竖直方向的斜线时捕捉两圆的等分点），倒圆角 R18，单击"完成草图" 按钮返回建模界面。结果如图 4-224 所示。

图 4-219 "基准平面"对话框（三）

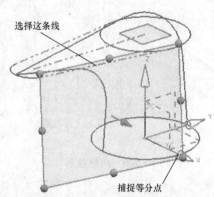

图 4-220 创建基准平面

图 4-221 "基准平面"对话框（四）

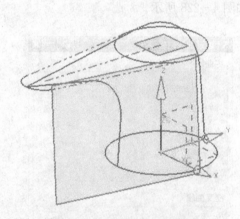

图 4-222 新基准平面

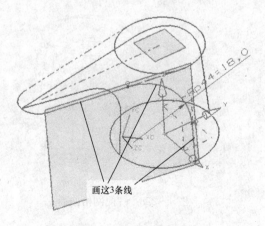

图 4-223 右侧草图

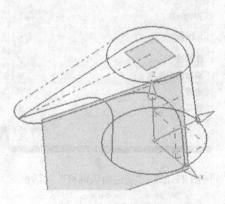

图 4-224 右侧截面

按同样的方法创建另一侧的截面，结果如图 4 - 225 所示。至此完成了水龙头把手全部线框图的绘制。

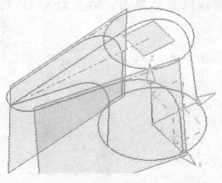

图 4 - 225 两侧截面

4.6.3 构建水龙头把手曲面

单击"曲面"工具栏的"通过曲线网格"图标，弹出如图 4 - 226 所示的"通过曲线网格"对话框，系统提示选择主曲线，将"选择条"工具栏的"曲线规则"选项改为"单条曲线"，在绘图区按图 4 - 227 所示选择底面半圆作为主曲线 1，单击鼠标中键，则主曲线 1 出现在"通过曲线网格"对话框中"主曲线"下方的列表中，按同样的方法选择顶部小圆弧作为主曲线 2，单击鼠标中键，完成两条主曲线的选择；在"通过曲线网格"对话框中单击"交叉曲线"选项下方的"选择曲线"按钮，按图 4 - 227 所示选择交叉曲线 1（共 3 段），单击鼠标中键，选择交叉曲线 2（共 3 段），单击鼠标中键，选择交叉曲线 3（共 3 段），单击鼠标中键，完成三条交叉曲线的选择，单击"确定"按钮，完成一侧网格曲面的创建，结果如图 4 - 228 所示。

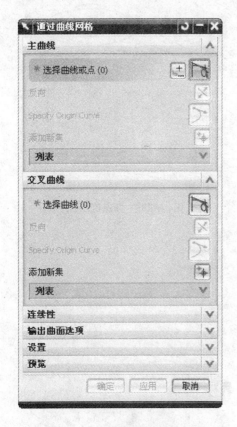

图 4 - 226 "通过曲线网格"对话框

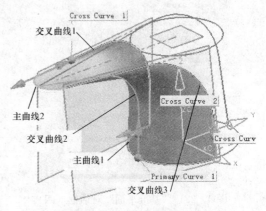

图 4 - 227 创建网格曲面

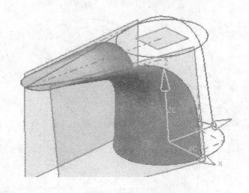

图 4 - 228 一侧网格曲面

　　将模型旋转到适当位置，按同样的方法创建另一侧的网格曲面，主曲线和交叉曲线的选择见图 4-229 所示。完成后得到把手的曲面模型，如图 4-230 所示。将所有的草图和基准面隐藏，则得到图 4-205 所示把手的曲面模型。

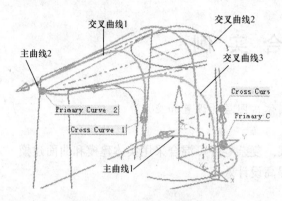

图 4-229　另一侧网格曲面

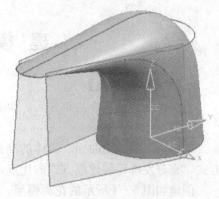

图 4-230　把手网格曲面

学习情境5

建模综合实例

【本模块知识点】

实体和曲面混合建模方式、曲面缝合为实体、图层的设置和应用。

本模块主要介绍曲面、实体的混合建模方式。复杂零件可混合采用实体建模和曲面建模方式，充分发挥每种建模方式的优点，会大大提高设计效率。

创建如图5-1所示的花洒模型。

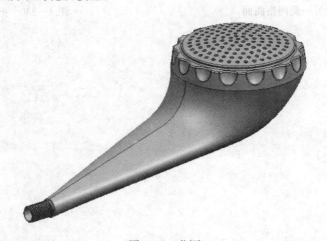

图5-1　花洒

5.1　花洒造型分析

花洒表面形状可划分为几个部分：花洒头部、头部装饰凹位、花洒把手部位、喷水孔、进水孔。根据各部位的形状特征，头部可由回转实体生成，装饰凹位可由扫掠生成，把手部位先用网格曲面和有界平面生成，然后利用曲面缝合功能将把手部位缝合为实体并和头部作求和运算，再处理抽壳、进水孔、喷水孔等细节。

5.2　构建花洒的线架图

启动 UG NX 6.0软件，单击"标准"工具栏的"新建" 图标，弹出"新建"对话框，如图5-2所示，指定文件名称"hua_sa"，文件夹"F:\UG_FILE\"，单击"确定"按钮关闭对话框。

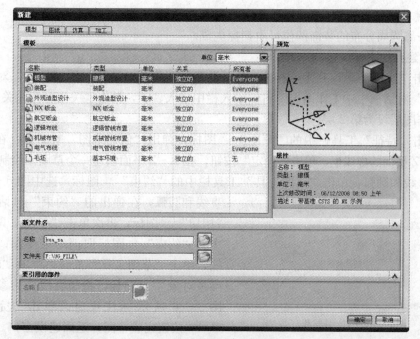

图 5-2 "新建"对话框

1. 构建回转体的草图

单击"特征"工具栏中的"草图" 图标，弹出"创建草图"对话框，如图 5-3 所示，系统提示选择草图平面的对象或双击要定向的轴，在绘图区选择代表 X-Z 平面的虚线框，单击"确定"按钮，则在 X-Z 平面创建一张新草图。

绘制如图 5-4 所示花洒头部截面的大概图形，单击"草图工具"工具栏中的"约束" 图标，选中图 5-4 上方的水平线和圆弧，在弹出的"约束"对话框中单击"相切" 图标，再次单击"草图工具"工具栏中的"约束" 图标取消约束操作；选中最上方水平线，单击"草图工具"工具栏中的"转换至/自参考对象" 图标，将这条直线段变为参考线，按图 5-5 所示标注尺寸。单击"完成草图" 按钮完成草图，返回建模窗口。

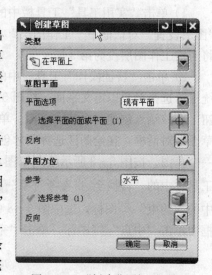

图 5-3 "创建草图"对话框

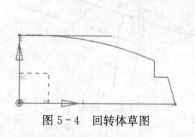

图 5-4 回转体草图

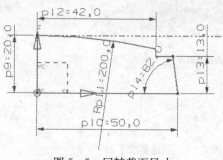

图 5-5 回转截面尺寸

2. 构建头部装饰凹位截面

花洒头部圆周分布的装饰凹位可由扫掠生成。

(1) 构建扫掠引导线。

1) 单击"实用工具"工具栏中的"图层设置" 图标,弹出"图层设置"对话框,在"图层设置"对话框中"工作图层"右侧输入栏中输入"2",单击"关闭"按钮关闭对话框,将当前工作图层设为第 2 层。

2) 单击"特征"工具栏中的"草图" 图标,弹出"创建草图"对话框,在绘图区选择代表 X-Z 平面的虚线框,单击"确定"按钮,在 X-Z 平面创建一个草图。绘制如图 5-6 所示的竖直线和圆弧,单击"草图工具"工具栏中的"约束" 图标,选中图 5-6 中的竖直线和圆弧,在弹出的"约束"对话框中单击"相切" 图标,再次单击"草图工具"工具栏中的"约束" 图标取消约束操作;选中竖直线,单击"草图工具"工具栏中的"转换至/自参考对象" 图标,将竖直线变为参考线,按图 5-6 所示标注尺寸。单击"完成草图" 按钮完成草图,返回建模窗口。

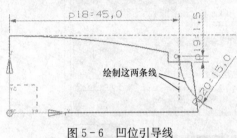

图 5-6　凹位引导线

(2) 构建扫掠截面。

1) 单击"实用工具"工具栏中的"图层设置" 图标,弹出"图层设置"对话框,在"图层设置"对话框中"工作图层"右侧输入栏中输入"3",单击"关闭"按钮关闭对话框,将当前工作图层设为第 3 层。

2) 单击"特征操作"工具栏中的"基准平面" 图标,弹出"基准平面"对话框,系统提示选择对象以定义平面,按图 5-7 所示捕捉刚才绘制的圆弧上端点,单击"确定"按钮,在该端点创建一个基准平面。单击"特征"工具栏中的"草图" 图标,弹出"创建草图"对话框,在绘图区选择刚才创建的基准平面,单击"确定"按钮,在新基准平面创建一个草图。按图 5-8 所示绘制草图,标注尺寸;选中 X 轴方向的直线,单击"草图工具"工具栏中的"转换至/自参考对象" 图标,将其转换为参考线;单击"草图工具"工具栏中的"约束" 图标,选中图 5-8 中的圆弧并捕捉参考线的端点,在弹出的"约束"对话框中单击"中点" 图标,单击"完成草图" 按钮返回建模窗口。

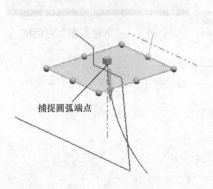

图 5-7　创建基准平面

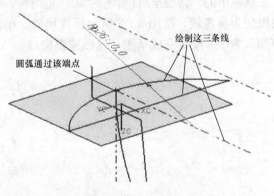

图 5-8　凹位截面

3. 构建把手部位截面

把手部位需要用网格曲面创建，可先构建四个截面。

（1）绘制把手上部大圆。

1）单击"实用工具"工具栏中的"图层设置" 图标，弹出"图层设置"对话框，在"图层设置"对话框中"工作图层"右侧输入栏中输入"4"，单击"关闭"按钮关闭对话框，将当前工作图层设为第 4 层。

2）单击"特征"工具栏中的"草图" 图标，在弹出的"创建草图"对话框中直接单击"确定"按钮，则在 X - Y 平面创建一个新草图。

3）单击"视图"工具条中的"正二测视图" 图标将屏幕视角调为轴测图方向，以原点为圆心，上一步绘制的回转截面底边长为半径画圆（利用点的捕捉），如图 5 - 9 所示。选

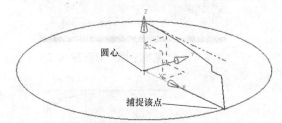

图 5 - 9　把手位大圆

择菜单命令"编辑"→"曲线"→"全部"，弹出"编辑曲线"对话框，如图 5 - 10 所示，在对话框上部单击"分割曲线" 图标，弹出"分割曲线"对话框，如图 5 - 11 所示，系统提示选择要分割的曲线，选择刚才绘制的大圆，在对话框中"分段"下方"段数"输入框输入"4"，单击"确定"按钮返回"编辑曲线"对话框，再次单击"取消"按钮关闭对话框，则该大圆被分割为四等分。单击"完成草图" 按钮返回建模窗口。

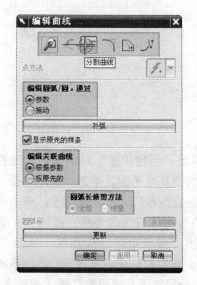

图 5 - 10　"编辑曲线"对话框

图 5 - 11　"分割曲线"对话框

（2）构建进水口截面。

1）单击"实用工具"工具栏中的"图层设置" 图标，弹出"图层设置"对话框，在"图层设置"对话框中"工作图层"右侧输入栏中输入"5"，单击"关闭"按钮关闭对话框，将当前工作图层设为第 5 层。

2）单击"特征操作"工具栏中的"基准平面" 图标，弹出"基准平面"对话框，如图 5 - 12 所示，系统提示选择对象以定义平面，在绘图区选择代表 X - Z 平面的虚线框，则对话框变为图 5 - 13 所示，在"偏置"选项下方的"距离"输入框输入"200"，单击"确定"

按钮，则在屏幕左下方创建一个新基准平面，如图 5-14 所示。若基准平面显示的位置不对时，可双击该基准平面后，在弹出的对话框中单击"反向" ⊠ 图标改变新基准面的位置。

图 5-12 "基准平面"对话框（一）

图 5-13 "基准平面"对话框（二）

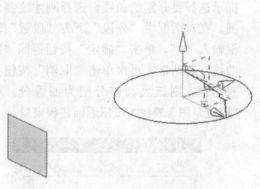

图 5-14 新建基准平面

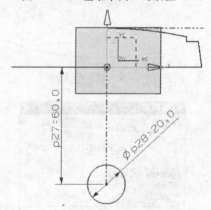

图 5-15 进水孔截面

3）单击"特征"工具栏中的"草图" 🗒 图标，弹出"创建草图"对话框，系统提示选择草图平面的对象或双击要定向的轴，选择刚才创建的新基准平面，单击"确定"按钮，则在新基准平面创建一个草图，绘制如图 5-15 所示的竖直线和圆，选中竖直线，单击"草图工具"工具栏中的"转换至/自参考对象" 🗒 图标，将竖直线变为参考线；按图 5-15 标注尺寸；选择菜单命令"编辑"→"曲线"→"全部"，弹出"编辑曲线"对话框，见图 5-10，在对话框上部单击"分割曲线" 🖾 图标，弹出"分割曲线"对话框，见图 5-11，系统提示选择要分割的曲线，选择直径 20 的圆，在对话框中"分段"下方"段数"输入框输入"4"，单击"确定"按钮返回"编辑曲线"对话框，再次单击"取消"按钮关闭对话框，则该圆被分割为四等分。单击"完成草图" 🏳完成草图 按钮返回建模窗口。

（3）构建把手侧截面。

1）单击"实用工具"工具栏中的"图层设置" 🗒 图标，弹出"图层设置"对话框，在"图层设置"对话框中"工作图层"右侧输入栏中输入"6"，单击"关闭"按钮关闭对话框，将当前工作图层设为第 6 层。

2）单击"特征"工具栏中的"草图" 🗒 图标，弹出"创建草图"对话框，系统提示选择草图平面的对象或双击要定向的轴，在绘图区选择代表 Y-Z 平面的虚线框，单击"确定"按钮，则在 Y-Z 平面创建一个草图，按图 5-16 所示绘制大概图形，注意捕捉已存在的两个圆的象限点，按图 5-17 所示标注尺寸，选中上方的水平线，单击"草图工具"工具栏中的"转换至/自参考对象" 图标，将水平线变为参考线；单击"草图工具"工具栏中的"约束" 图标，选中图 5-17 中的大圆弧和斜线，在弹出的"约束"对话框中单击"相切" 图标，单击"完成草图" 按钮返回建模窗口。

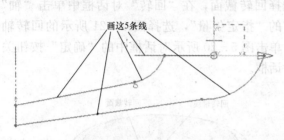

图 5-16 把手侧截面

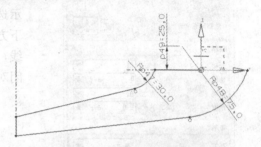

图 5-17 把手侧截面尺寸

至此完成了把手部位 4 个截面，单击"视图"工具栏的"正二侧视图" 图标，得到的花洒线架如图 5-18 所示。

4. 构建出水孔草图

单击"实用工具"工具栏中的"图层设置" 图标，弹出"图层设置"对话框，在"图层设置"对话框中"工作图层"右侧输入栏中输入"7"，单击"关闭"按钮关闭对话框，将当前工作图层设为第 7 层。

单击"草图" 图标，在弹出的"草图"对话框中直接单击"确定"按钮，在 X-Y 平面创建一张草图，以原点为圆心绘制一个圆，标注直径"3"，如图 5-19 所示，单击"完成草图" 按钮返回建模窗口。

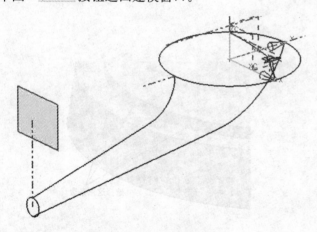

图 5-18 花洒线架图

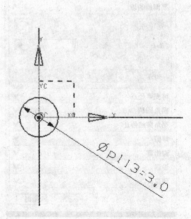

图 5-19 出水孔

5.3 花 洒 造 型

1. 创建头部回转体

单击"实用工具"工具栏中的"图层设置" 图标，弹出"图层设置"对话框，在对话

图5-20 "回转"对话框

框中"工作图层"右侧输入栏中输入"10",单击"关闭"按钮关闭对话框,将当前工作图层设为第10层。

单击"特征"工具栏中的"回转" 图标,弹出"回转"对话框,如图5-20所示。系统提示选择要草绘的平的面或选择截面几何图形,按图5-21所示选择回转截面,在"回转"对话框中单击"轴"下方的"指定矢量",选择图5-21所示的回转轴线,单击图5-20所示对话框中的"确定"按钮关闭对话框。

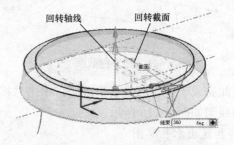

图5-21 回转体截面和轴线

单击"特征操作"工具栏中的"边倒圆" 图标,弹出"边倒圆"对话框,如图5-22所示,系统提示为新集选择边,在绘图区选择如图5-23所示的3条边,在对话框中"Radius 1"右侧输入框输入圆角半径"1",单击"确定"按钮关闭对话框。

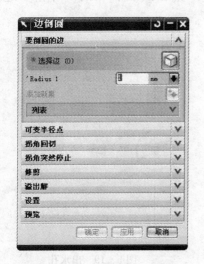

图5-22 "边倒圆"对话框

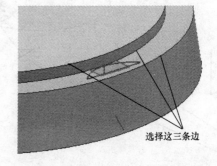

选择这三条边

图5-23 要倒圆角的边

2. 创建头部装饰凹位

(1)创建凹位扫掠体。

1)单击"实用工具"工具栏中的"图层设置" 图标,弹出"图层设置"对话框,在对话框中"工作图层"右侧输入栏中输入"11",将当前工作图层设为第11层,显示第2、

3层，其他图层不显示，单击"关闭"按钮关闭对话框。

2）单击"特征"工具栏中的"沿引导线扫掠" 图标，弹出"沿引导线扫掠"对话框，如图5-24所示，系统提示为截面选择曲线链，按图5-25所示选择扫掠截面的两条线，在"沿引导线扫掠"对话框中单击"引导线"下方的"选择曲线"，按图5-25所示选择引导线，单击对话框中的"确定"按钮关闭对话框，结果如图5-26所示。

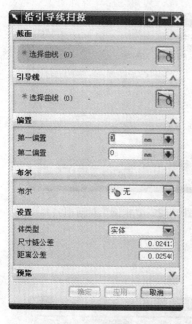

图5-24 "沿引导线扫掠"对话框

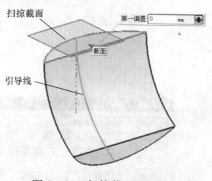

图5-25 扫掠截面和引导线

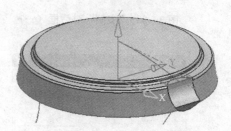

图5-26 回转体和扫掠体

（2）凹位布尔运算。

1）单击"实用工具"工具栏中的"图层设置" 图标，弹出"图层设置"对话框，在"图层设置"对话框中显示第10层，其他图层不显示，单击"关闭"按钮关闭对话框。

2）单击"特征操作"工具栏中的"求差" 图标，弹出"求差"对话框，系统提示选择目标体，按图5-26所示选择回转体作为目标体，系统提示选择工具体，选择扫掠体作为工具体，单击对话框中的"确定"按钮关闭对话框，结果如图5-27所示。

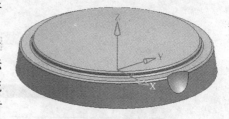

图5-27 求差的结果

（3）圆周阵列。单击"特征操作"工具栏中的"实例特征" 图标，弹出"实例"对话框，如图5-28所示，系统提示选择实例类型，在对话框中选择"圆形阵列"选项，"实例"对话框变为如图5-29所示，系统提示选择要引用的特征，在对话框列表中选择"扫掠"或在绘图区选择扫掠特征，单击"确定"按钮，对话框变为图5-30所示，系统提示输入圆形阵列参数，在对话框中"数字"输入框输入阵列数量"15"，在"角度"输入框输入"24"，单击对话框中的"确定"按钮，对话框变为如图5-31所示，系统提示选择旋转轴，在对话框中单击"基准轴"选项，弹出"选择一个基准轴"对话框，如图 5－32 所示，系统提示选择一个基准轴，在绘图区选择坐标系的 Z 轴，弹出"创建实例"对话框，并在绘图区显示阵列预览，系统提示选择选项，在对话框中单击"确定"按钮，则完成圆形阵列，系统返回"实例"对话框，单击"取消"按钮关闭对话框，阵列结果如图 5－33 所示。

图 5－28　"实例"对话框（一）

图 5－29　"实例"对话框（二）

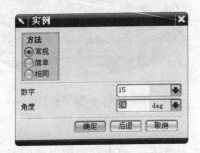

图 5－30　"实例"对话框（三）

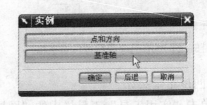

图 5－31　"实例"对话框（四）

图 5－32　"选择一个基准轴"对话框（一）

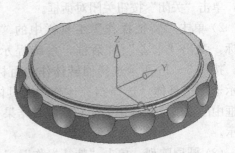

图 5－33　圆形阵列

　　（4）凹位倒圆角。单击"特征操作"工具栏中的"边倒圆" 图标，弹出"边倒圆"对话框，系统提示为新集选择边，在绘图区选择如图 5－33 所示的全部凹位边线，在对话框中"Radius 1"右侧输入框输入圆角半径 1，单击"确定"按钮关闭对话框，结果如图 5－34 所示。

3. 创建把手部位

把手部位形状较复杂，可先用网格曲面创建把手主体，两端封口后将曲面缝合为实体，再与头部合并为一体。

（1）创建把手位一侧曲面。

1）单击"实用工具"工具栏中的"图层设置" 图标，弹出"图层设置"对话框，在"图层设置"对话框中"工作图层"右侧输入栏中输入 12，将当前工作图层设为第 12 层，显示第 4、5、6、7 层，其他图层不显示，单击"关闭"按钮关闭对话框，结果如图 5-35 所示。

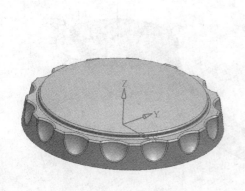

图 5-34　凹位倒圆角

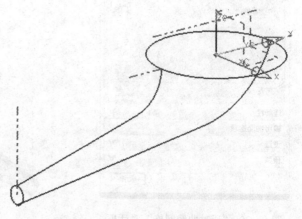

图 5-35　把手位线架

2）单击"曲面"工具栏中的"通过曲线网格" 图标，弹出"通过曲线网格"对话框，如图 5-36 所示，系统提示选择主曲线，按图 5-37 所示选择半个大圆（该半圆包括两段圆弧）作为主曲线 1，单击鼠标中键（滚轮），接着选择半个小圆（该半圆包括两段圆弧）作为主曲线 2，单击鼠标中键（滚轮），完成两条主曲线的选择，在对话框中单击"交叉曲线"下方的"选择曲线"选项，系统提示选择交叉曲线，按图 5-37 所示选择两条线作为交叉曲线 1，单击鼠标中键（滚轮），接着选择另两条曲线作为交叉曲线 2，单击鼠标中键（滚轮），完成两条交叉曲线的选择，系统会预显示构建的曲面，曲面形状不对时可单击"反向" 图标调整截面的方向，检查无误后单击对话框中的"确定"按钮完成网格曲面的构建，结果如图 5-38 所示。

（2）镜像另一侧网格曲面。单击"特征操作"工具栏中的"镜像特征" 图标，弹出"镜像特征"对话框，如图 5-39 所示，系统提示选择镜像特征，选择上一步创建的网格曲面，在对话框中单击"镜像平面"下方的"选择平面"选项，系统提示选择镜像对称面或基准平面，选择代表 Y-Z 平面的虚线框，单击"确定"按钮关闭对话框，结果如图 5-40 所示。

（3）创建两孔处平面。单击"特征"工具栏中的"有界平面" 图标，弹出"有界平面"对话框，如图 5-41 所示，系统提示选择有界平面的曲线，选择进水处的小圆，单击"应用"按钮，继续选择大圆，单击"确定"按钮关闭对话框，结果如图 5-42 所示。

图 5-36　"通过曲线网格"对话框

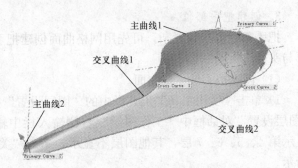

图 5-37　把手一侧网格曲面

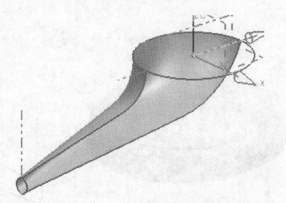

图 5-38　一侧网格曲面

图 5-39　"镜像特征"对话框

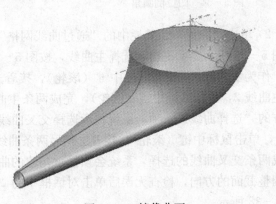

图 5-40　镜像曲面

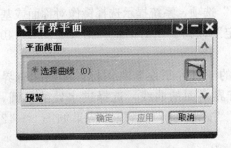

图 5-41　"有界平面"对话框

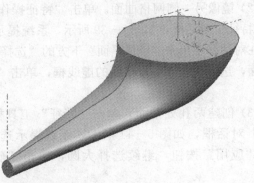

图 5-42　创建有界平面

（4）将把手曲面缝合为实体。单击"特征操作"工具栏中的"缝合" ▒ 图标，弹出"缝合"对话框，如图 5-43 所示，系统提示选择目标实体面，在绘图区选择把手一侧网格曲面作为要缝合的目标，系统提示选择工具片体，选择其余3 片曲面作为工具片体，如图 5-44 所示，单击"确定"按钮关闭对话框，则 4 片曲面缝合为一整块实体。

图 5-43　"缝合"对话框

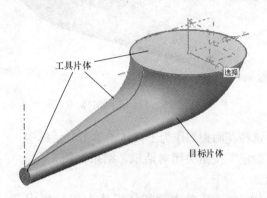

图 5-44　曲面缝合为实体

（5）创建进水部位。单击"特征"工具栏中的"拉伸" ▒ 图标，弹出"拉伸"对话框，如图 5-45 所示，系统提示选择要草绘的平的面，选择进水口处的小圆，则显示拉伸预览如图 5-46 所示，在对话框中"限制"选项最下方的"距离"输入框输入"20"，设置"布尔"运算为"求和"，设置"偏置"选项下方"偏置"右侧下拉选项为"单侧"，"结束"输入框输入"-1"，在绘图区选择刚才缝合的把手实体，单击"确定"按钮关闭对话框。

图 5-45　"拉伸"对话框（一）

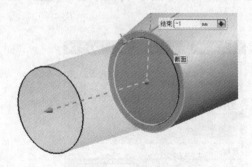

图 5-46　拉伸进水部位

4. 构建花洒整体

单击"实用工具"工具栏中的"图层设置" ▒ 图标，弹出"图层设置"对话框，将第10、12 层显示，其他图层关闭，单击"关闭"按钮关闭对话框。结果如图 5-47 所示。

（1）合并。单击"特征操作"工具栏中的"求和" ▒ 图标，弹出"求和"对话框，如图 5-48所示，系统提示选择目标体，选择把手部位实体作为目标体；系统提示选择工具

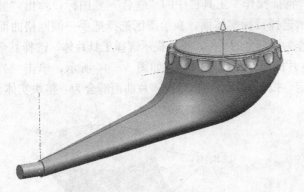

图 5-47 花洒实体

图 5-48 "求和"对话框

体，选择花洒头部作为工具体。单击对话框中的"确定"按钮关闭对话框，结果如图 5-49 所示。

（2）抽壳。单击"特征操作"工具栏中的"抽壳" 图标，弹出"壳单元"对话框，如图 5-50 所示，系统提示选择要移除的面，选择进水孔处小圆平面，在对话框中"厚度"输入框输入"1"，单击对话框中的"确定"按钮关闭对话框，结果如图 5-51 所示。连续单击"视图"工具栏中的"剪切工作截

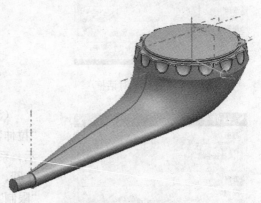

图 5-49 实体求和

面" 图标和"编辑工作截面" 图标，弹出"查看截面"对话框，如图 5-52 所示，在对话框中"类型"下方列表中选"一个平面"，"剖切平面"下方单击"设置平面至 X" 图标，单击"确定"按钮关闭对话框，花洒截面如图 5-53 所示。再次单击"视图"工具栏中的"剪切工作截面" 图标关闭截面显示。

图 5-50 "壳单元"对话框

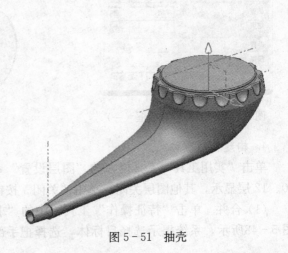

图 5-51 抽壳

图 5-52 "查看截面"对话框

（3）创建中心喷水孔。

1）单击"实用工具"工具栏中的"图层设置"图标，弹出"图层设置"对话框，将第 7 层显示，其他图层关闭，单击"关闭"按钮关闭对话框。

2）单击"视图"工具栏中的"静态线框"图标，将模型改为线框显示。

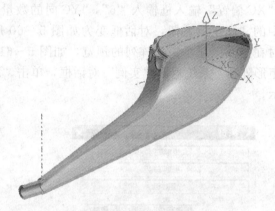

图 5-53 花洒截面

3）单击"特征"工具栏中的"拉伸"图标，弹出"拉伸"对话框，如图 5-54 所示，系统提示选择要草绘的平的面，按图 5-55 所示选择小圆，在对话框中"限制"选项最下方的"距离"输入框输入"35"，设置"布尔"运算为"求差"，单击"确定"按钮关闭对话框，则创建一个喷水孔。单击"视图"工具栏中的"带边着色"图标，将模型改为着色显示，结果如图 5-56 所示。

图 5-54 "拉伸"对话框（二）

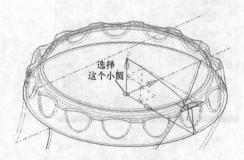

选择这个小圆

图 5-55 拉伸截面

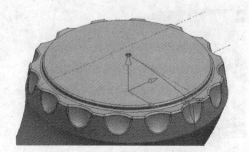

图 5-56 中心喷水孔

（4）阵列喷水孔。

1）单击"特征操作"工具栏中的"实例特征" ![icon] 图标，弹出"实例"对话框，如图5-57所示，系统提示选择实例类型，在对话框中选择"矩形阵列"选项，"实例"对话框变为如图5-58所示，系统提示选择要引用的特征，在对话框列表中选择"拉伸"，在绘图区可看到中心喷水孔被选中，单击"确定"按钮，弹出"输入参数"对话框，如图5-59所示，系统提示创建矩形阵列，在对话框中"XC向的数量"输入框输入阵列数量"7"，在"XC偏置"输入框输入"6"，"YC向的数量"输入框输入阵列数量"1"，单击对话框中的"确定"按钮，对话框变为如图5-60所示"创建实例"，系统提示选择选项，同时在绘图区显示矩形阵列的预览，如图5-61所示，在对话框中单击"确定"按钮完成矩形阵列，系统返回"实例"对话框，单击"取消"按钮关闭对话框，结果如图5-62所示。

图5-57 "实例"对话框（五）

图5-58 "实例"对话框（六）

图5-59 "输入参数"对话框

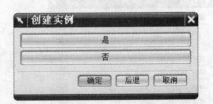

图5-60 "创建实例"对话框（一）

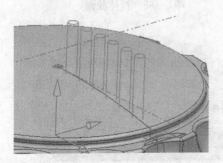

图5-61 矩形阵列预览

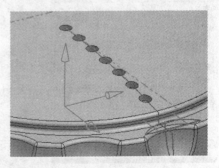

图5-62 矩形阵列结果

2）继续进行喷水孔的圆形阵列。单击"特征操作"工具栏中的"实例特征" 图标，弹出"实例"对话框，如图5-63所示，系统提示选择实例类型，在对话框中选择"圆形阵列"选项，"实例"对话框变为如图5-64所示，系统提示选择要引用的特征，在对话框列表中按图5-64所示选择特征，单击"确定"按钮，对话框变为如图5-65所示，系统提示输入圆形阵列参数，在对话框中"数字"输入框输入阵列数量"7"，在"角度"输入框输入"360/7"，单击对话框中的"确定"按钮，对话框变为如图5-66所示，系统提示选择旋转轴，在对话框中单击"基准轴"选项，弹出"选择一个基准轴"对话框，如图5-67所示，系统提示选择一个基准轴，在绘图区选择坐标系的Z轴，弹出"创建实例"对话框，如图5-68所示，并显示圆形阵列预览，系统提示选择选项，在对话框中单击"确定"按钮，则完成第一圈喷水孔的圆形阵列，如图5-69所示。系统返回图5-64所示的"实例"对话框。按同样的方法继续创建其余喷水孔阵列：第二圈喷水孔，数量12，角度360/12；第三圈喷水孔，数量18，角度360/18；第四圈喷水孔，数量24，角度360/24；第五圈喷水孔，数量30，角度360/30；第六圈喷水孔，数量36，角度360/36。创建完成后单击"取消"按钮关闭"实例"对话框，阵列结果如图5-70所示。

图5-63 "实例"对话框（七）

图5-64 "实例"对话框（八）

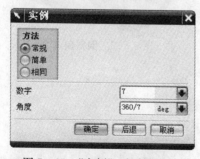

图5-65 "实例"对话框（九）

图5-66 "实例"对话框（十）

图5-67 "选择一个基准轴"对话框（二）

图5-68 "创建实例"对话框（二）

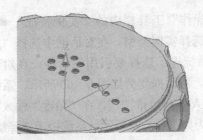

图 5-69　圆形阵列

图 5-70　喷水孔阵列

图 5-71　"倒斜角"对话框

（5）创建进水口螺纹。

1）单击"特征操作"工具栏中的"倒斜角"图标，弹出"倒斜角"对话框，如图 5-71 所示，系统提示选择要倒斜角的边，选择如图 5-72 所示小圆，在对话框中"距离"输入框输入"0.5"，单击对话框中的"确定"按钮关闭对话框，结果如图 5-73 所示。

2）单击"特征操作"工具栏中的"基准平面"图标，弹出"基准平面"对话框，如图 5-74 所示，系统提示选择对象以定义平面，选择如图 5-75 所示端面，在对话框中"距离"输入框输入"2"，单击对话框中的"确定"按钮关闭对话框，则创建一个新基准平面。

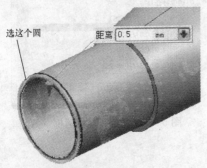

图 5-72　倒斜角（一）

图 5-73　倒斜角（二）

图 5-74　"基准平面"对话框（三）

图 5-75　创建新基准平面

3) 单击"特征操作"工具栏中的"螺纹" 图标，弹出"螺纹"对话框，如图 5-76 所示，在"螺纹类型"选项中选择"详细"，则对话框变为图 5-77 所示，系统提示选择一个圆柱面，选择如图 5-78 所示圆柱面，对话框变为如图 5-79 所示，系统提示选择起始面，选择如图 5-78 所示起始面，对话框变为如图 5-80 所示，系统提示螺纹轴反向，单击对话框中的"确定"按钮，对话框变为如图 5-81 所示，在对话框中按图 5-81 所示输入螺纹参数，单击"确定"按钮关闭对话框，则创建真实螺纹特征，如图 5-82 所示。

至此完成了花洒实体模型的创建，如图 5-83 所示，将所有的基准平面、草图和坐标系隐藏，则得到如图 5-1 所示的花洒模型。

图 5-76 "螺纹"对话框（一）

图 5-77 "螺纹"对话框（二）

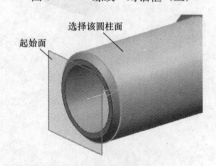

图 5-78 选择圆柱面和起始面

图 5-79 "螺纹"对话框（三）

图 5-80 "螺纹"对话框（四）

图 5-81 "螺纹"对话框（五）

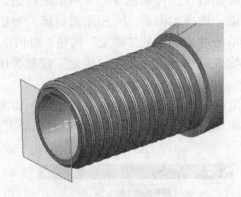

图 5-82 进水口螺纹

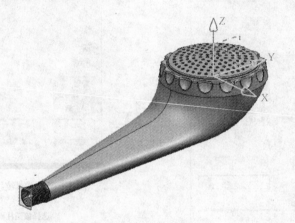

图 5-83 花洒实体模型

学习情境6

装 配 建 模

【本模块知识点】

组件装配：装配方式、添加组件、组件配对、组件阵列。

装配爆炸图：创建爆炸图、爆炸图编辑。

装配序列：创建装配序列、装配和拆卸动画。

本模块主要介绍装配体的创建及编辑操作，包括添加组件、组件配对及阵列，装配爆炸图的创建和编辑、装配序列的创建、装配和拆卸动画等。

6.1 任务1：装配概述

在 UG NX 中通过装配模块完成零部件的装配建模。装配模块是一个集成的 UG NX 应用模块，用于零部件的装配，在装配的上下文范围内对个别零件的建模以及创建装配图的部件明细表等。为了更好地理解装配建模，先对一些装配术语和基本操作介绍如下。

6.1.1 装配术语

装配过程中，装配部件是引用从属部件的几何对象和特征的，而不是在每一层次上建立它们的拷贝。这不仅减小了装配文件的大小，而且提供了高层次的相关性。例如，对某一部件进行修改，则引用该部件的所有装配将自动更新。

装配建模的常用术语如下：

1. 装配

装配是由零件和子装配组成的集合。UG NX 中装配是一个包含组件的部件文件，称为装配部件。

2. 组件

组件指装配体中所引用的部件。组件可以是单个零件，也可以是一个子装配。

3. 组件部件

在装配中一个部件可能在许多地方作为组件被引用，含有组件实际几何对象的文件称为组件部件。

4. 自顶向下建模

在装配过程中直接建立和编辑组件部件，所有修改直接反映到组件部件文件。

5. 自底向上建模

首先独立创建单个组件部件，然后添加到装配体中，一旦对组件部件进行修改，所有引用该组件的装配体自动更新。

6. 显示部件

当前在图形窗口中显示的部件。

7. 工作部件

可以对几何体进行创建和编辑的部件。

8. 上下文设计

对于装配部件，可以将任意一个组件部件作为工作部件，在工作部件中可以添加几何体、特征或组件，或者进行编辑。工作部件以外的几何体可以作为多种建模操作的参考。这种直接修改装配中所显示的部件的功能称为上下文设计。

9. 引用集

引用集指命名的来自于部件的几何体集合，用于简化高一级装配中的组件部件的图形显示。

10. 配对条件

配对条件指装配体中组件之间位置约束的集合。

11. 装配中的相关性

若装配体中任意组件的几何对象被修改，则引用该组件部件的所有装配体都自动更新，包括工程图等。

6.1.2 UG NX 装配的特点

UG NX 装配的主要特点如下：

(1) 装配中的组件是被引用而不是被复制。

(2) 可以利用自顶而下或自底向上的方法建立装配。

(3) 多个部件可以同时打开和编辑。

(4) 组件可以在装配的上下文范围内创建和编辑。

(5) 无论怎样编辑和在何处进行编辑，整个装配的相关性不变。

(6) 装配自动更新以反映引用部件的最新版本。

(7) 装配导航器提供了装配结构的图形化显示，可在其他功能中选择和操作组件。

6.2 任务2：组件装配

选择菜单命令"开始"→"所有应用模块"→"装配"进入装配模块，利用装配模块可完成装配建模的所有操作。进入装配模块后，在图形窗口显示如图6-1所示的"装配"工具栏。

图 6-1 "装配"工具栏

6.2.1 添加组件

添加组件就是将已设计好的组件加入到装配体中，实际上是在装配体与几何部件之间建立引用关系。选择菜单命令"装配"→"组件"→"添加组件"，或单击"装配"工具栏中的

"添加组件" 图标，弹出"添加组件"对话框，如图 6-2 所示，可利用该对话框添加已有的组件。该对话框的主要选项说明如下。

1. "已加载的部件"

该选项下方列表框中列出了已经载入的部件文件，可直接在列表中选择要加入装配体的部件。

2. "最近访问的部件"

该选项下方列表框中列出了最近访问过的部件，可直接在列表中选择要加入装配体的部件。

3. "打开"

单击该选项右侧的"打开" 图标，弹出"部件名"窗口，可在硬盘文件夹中选择要加入装配体的部件。

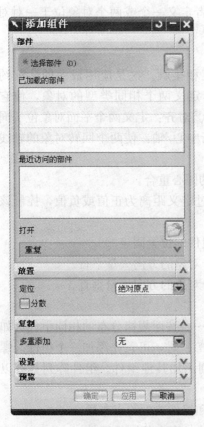

图 6-2　"添加组件"对话框

6.2.2　装配约束

向装配中添加零件后，会自动弹出"装配约束"对话框，如图 6-3 所示，也可选择菜单命令"装配"→"组件"→"装配约束"，或单击"装配"工具栏中的"装配约束" 图标，弹出"装配约束"对话框，利用该对话框可指定一个部件与其他部件之间的配对条件来定位部件。

图 6-3　"装配约束"对话框

1. 装配约束的一般步骤

部件之间添加装配约束的一般步骤如下：

（1）在"类型"选项中选择装配约束的类型。

（2）根据所选的装配约束类型，选择要配对的几何对象。

（3）对于"接触对齐"类型，还需要根据对象选择"方位"选项。

（4）若指定的约束存在多解，单击"反向上一个约束" 图标选择其他解。

（5）单击"应用"按钮应用装配约束，然后继续添加其他的装配约束。

（6）完成组件的所有约束后单击"确定"按钮关闭对话框。

2．装配约束类型

（1）建立组件的装配约束时，组件上能够建立装配约束的几何对象称为配对对象。可用于建立装配约束的有以下几种几何对象：

1）直线，包括实体的边缘。

2）面，包括平面、基准面、回转面（如圆柱面、球面、圆锥面等）。

3）曲线，包括点、圆/圆弧、曲线等。

4）基准轴，坐标系。

（2）装配约束的类型说明如下：

1）角度：定义两个对象之间的夹角。角度约束可用于任意一对具有方向矢量的对象，其角度值为两个对象方向矢量之间的夹角。

2）中心：定义一个对象位于另一个对象的中心，或者定义一个或两个对象位于一对对象的中间。

3）胶合：将一个对象粘贴到指定对象上。

4）接触对齐：定义两个相同类型的对象，使它们互相接触。这是应用最多的装配约束类型，利用"方位"选项，又分以下三种：①接触：定义两个相同类型的对象，使它们互相贴合。对于平面对象，其法向指向相反的方向。②对齐：定义两个平面对象位于同一平面，对于轴对称对象，它们的轴线重合。③自动判断中心/轴：使两个回转对象的轴线重合。

5）同心：使一个圆/圆弧对象的圆心与指定圆/圆弧的圆心重合。

6）距离：定义一个对象与指定对象之间的距离。通过定义距离为正值或负值，控制该对象在指定对象的哪一侧。

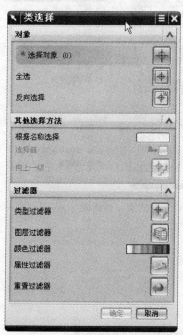

图 6-4　"类选择"对话框

7）固定：将某一组件的位置固定。

8）平行：定义两个对象的方向矢量平行。

9）垂直：定义两个对象的方向矢量垂直。

6.2.3　组件阵列

当装配模型中存在一些按照规律分布的相同组件（如法兰上均匀分布的螺钉等）时，可首先添加一个组件（螺钉），然后通过组件阵列添加其他组件。组件阵列具有以下特点：

（1）快速创建组件和组件装配约束布局。

（2）在一步操作中添加多个相同的组件。

（3）创建多个装配约束相同的组件。

选择菜单命令"装配"→"组件"→"创建阵列"，或单击"装配"工具栏中的"创建组件阵列" 图标，弹出"类选择"对话框，如图 6-4 所示，按系统提示选择组件并单击"确定"按钮后，弹出"创建组件阵列"对话框，如图 6-5 所示，利用该对话框可以进行 3 种形式的组件阵列。

1. 从实例特征阵列

该阵列方式根据特征引用集创建阵列，通常用于将螺栓、垫圈、螺母等组件添加到孔的特征引用集（孔的阵列）中。在"创建组件阵列"对话框中选择"从实例特征"选项后单击"确定"按钮，则将所选的组件与其配对的特征的引用集创建阵列，并自动与特征配对。

图 6-6 所示为利用实例特征阵列方式对螺母进行阵列的一个实例。

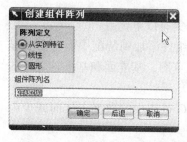

图 6-5 "创建组件阵列"对话框

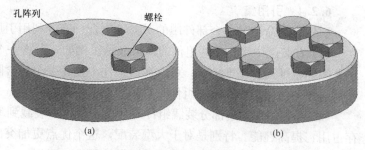

图 6-6 从实例阵列组件
（a）阵列前；（b）阵列后

2. 线性阵列

该方式根据指定的方向和参数创建组件的线性阵列。在"创建组件阵列"对话框中选择"线性"选项后单击"确定"按钮，弹出"创建线性阵列"对话框，如图 6-7 所示，首先在"方向定义"选项下选择方向定义方式，然后分别指定 X 和 Y 方向的参考，分别输入 X 和 Y 方向的阵列数目和偏置距离，最后单击"确定"按钮创建线性阵列。

图 6-7 "创建线性阵列"对话框

线性阵列的方向定义方式有以下四种：

（1）面的法向：利用所选实体表面的法向定义 X 或 Y 方向的参考。

（2）基准平面法向：利用所选基准平面的法向定义 X 或 Y 方向的参考。

（3）边：利用所选实体的边定义 X 或 Y 方向的参考。

（4）基准轴：利用所选实体的基准轴定义 X 或 Y 方向的参考。

图 6-8 所示为利用边方式对零件 1 进行线性阵列的一个实例。

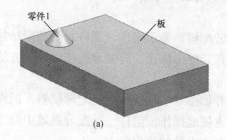

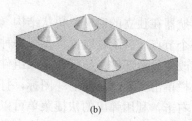

图 6-8 线性阵列组件
（a）阵列前；（b）阵列后

3. 圆形阵列

该方式根据指定的轴线创建组件的圆形阵列。在"创建组件阵列"对话框中选择"圆形"选项后单击"确定"按钮，弹出"创建圆形阵列"对话框，如图 6-9 所示，首先在"轴定义"选项下选择轴定义方式，选择相应的对象定义圆形阵列的轴线，然后设置圆形阵列的数量和角度，最后单击"确定"按钮创建圆形阵列。

6.2.4 引用集

引用集是命名的一个部件中的对象的集合。充分利用引用集有以下优点：

(1) 在装配中简化某些组件的图形显示。例如，若将一个组件添加到装配中而不需要显示草图、基准面和基准轴时，可以在该组件中创建一个包含除草图、基准面和基准轴之外的几何对象的引用集，在添加组件时只添加该引用集。

(2) 当利用引用集部分装载组件时，由于减少了装载到 UG 进程中的数据，从而减少内存占用，提高性能。特别是对于大型装配，这个优点更加突出。

(3) 通过修改装载到装配中的引用集的属性，可以修改部件清单。

选择菜单命令"格式"→"引用集"，弹出"引用集"对话框，如图 6-10 所示。单击"添加新的引用集"图标，按系统提示选择要添加到引用集的对象，输入引用集的名称，必要时编辑引用集的属性，最后单击"关闭"按钮完成引用集的创建。

图 6-9 "创建圆形阵列"对话框

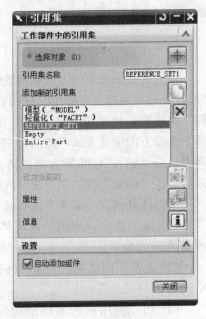

图 6-10 "引用集"对话框

6.3　任务 3：装配导航器

装配导航器在独立的窗口以树状结构（装配树）显示组件（部件）的装配结构，每个组件显示为一个节点。装配导航器提供了一种在装配中快速、简便地操作组件的方法，如改变工作部件、改变显示部件、显示和隐藏组件等。

在资源栏单击"装配导航器"图标，打开如图 6-11 所示的装配导航器，把光标移到某个节点上，右击，利用弹出的快捷菜单可以方便地操作该组件。装配导航器中除了显示部件的装配结构外，还显示组件之间的约束以及每个组件的约束状态。

装配导航器中图标的含义说明如下：

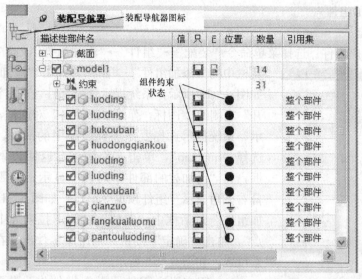

图 6-11 装配导航器

(1) ：装配或子装配图标。如果图标为黄色，说明该装配体在工作部件内；如果图标为灰色，并有实线黑框，说明该装配体在非工作部件内；如果图标为灰色，并有虚线框，说明该装配体被关闭。

(2) ：组件图标。如果图标为黄色，说明该组件在工作部件内；如果图标为灰色，并有实线黑框，说明该组件在非工作部件内；如果图标为灰色，并有虚线框，说明该组件被关闭。

(3) ：装配或子装配压缩为一个节点，单击图标可将该节点展开。

(4) ：组件约束状态符号，该组件是固定组件。

(5) ：组件约束状态符号，该组件完全约束（位置完全确定）。

(6) ：组件约束状态符号，该组件部分约束。

(7) ：若图标中的"√"为红色，该组件被显示；单击该图标后"√"变为灰色，该组件被隐藏。

6.4 实训1：虎钳装配建模

本节将通过如图 6-12 所示的虎钳装配体介绍自底向上装配建模的方法。本章节用到的源文件可在中国电力出版社网站 http://jc.cepp.com.cn 上下载。

6.4.1 建立新部件文件

首先建立一个文件夹，如"F:\huqian"，然后将下载的源文件中"ch6"内的文件全部拷贝到该文件夹。运行 UG NX 6.0 软件，单击"标准"工具栏中的"新建" 图标，在弹出的"新建"对话框中输入文件名"huqian_zhuangpei"，文件夹"F:\huqian\"，单击"确定"按钮，创建一个空白的部件文件，然后单击应用模块"开始"→"装配"进入装配模块。

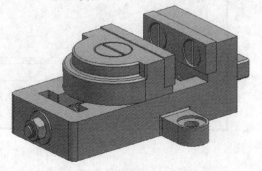

图 6-12 虎钳装配体

6.4.2　添加组件

1. 添加钳座

（1）添加钳座零件。选择菜单命令"装配"→"组件"→"添加组件"，或单击"装配"工

具栏中的"添加组件" 图标，弹出"添加组件"对话框，如图 6-13 所示，系统提示选择部件，在对话框中单击"打开"右侧的 图标，弹出"部件名"对话框，如图 6-14 所示，系统提示选择要添加到装配中的部件，在文件列表中选择"qianzuo"，单击 OK 按钮，返回"添加组件"对话框，在"已加载的部件"列表中显示钳座零件，同时在屏幕右下角显示"组件预览"窗口，如图 6-15 所示。在"添加组件"对话框中"定位"右侧下拉列表中选择"绝对原点"，单击"确定"按钮，则钳座零件出现在绘图区坐标原点位置，如图 6-16 所示。

（2）固定钳座零件。钳座零件作为装配的基础零件，需将其位置固定。单击"装配"工具栏中的"装配约束" 图标，弹出"装配约束"对话框，如图 6-17 所示，在对话框中"类型"选项下拉列表中选择"固定"，系统提示为"固定"选择对象或拖动几何体，在绘图区选择钳座模型，单击"确定"按钮关闭对话框，则钳座位置被固定，在模型上显示一个蓝色的固定约束符号，如图 6-18 所示。

图 6-13　"添加组件"对话框

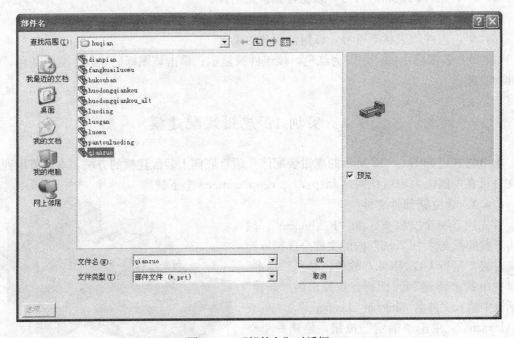

图 6-14　"部件名"对话框

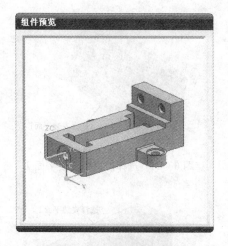

图 6-15　"组件预览"窗口

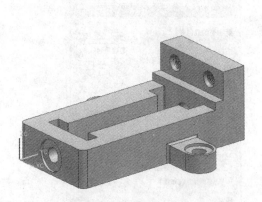

图 6-16　添加钳座零件

图 6-17　"装配约束"对话框

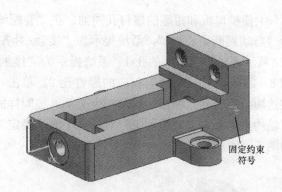

固定约束
符号

图 6-18　固定钳座模型

2. 添加护口板

(1) 添加护口板零件。单击"装配"工具栏中的"添加组件" 图标，在弹出的"添加组件"对话框中单击"打开"右侧的 图标，弹出"部件名"对话框，在文件列表中选择"huk-ouban"，单击 OK 按钮后在打开的"添加组件"对话框中"定位"选项下拉列表中选择"通过约束"，单击"确定"按钮，弹出如图 6-19 所示"装配约束"对话框。

(2) 配对护口板和钳座的安装面。在图 6-19 所示的"装配约束"对话框中"类型"下拉列表中选择"接触对齐"，系统提示为"接触/对齐"选择第一个对象或拖动几何体，在"组件预览"窗口中按住鼠标中键（滚轮）拖动鼠标，将视图旋转到适当位置，选择护口板的安装平面 1，如图 6-20 所示，系统提示为"接触/对齐"选择第二个对象或拖动几何体，接着在绘图区钳座上选择相应的安装平面 2，如图 6-21 所示，单击"装配约束"对话框中的"应用"按钮，则在这两个平面之间添加接触约束。

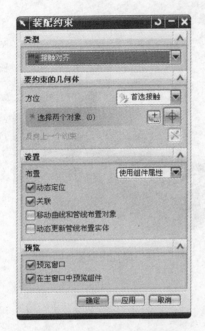

图 6-19　"装配约束"对话框

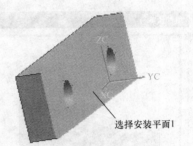

图 6-20　选择护口板安装平面 1

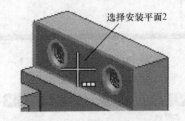

图 6-21　选择钳座安装平面 2

（3）使护口板和钳座的螺钉孔同轴。在"装配约束"对话框中"方位"右侧下拉选项中选择"自动判断中心/轴"，系统提示为"接触/对齐"选择第一个对象或拖动几何体，按图6-22 所示选择护口板上的孔 1，系统提示为"接触/对齐"选择第二个对象或拖动几何体，按图 6-23 所示选择钳座上相应的螺钉孔 2，单击"装配约束"对话框中的"应用"按钮，则在这两个螺钉孔之间添加同轴约束关系。按同样的方法添加护口板与钳座的第二个螺钉孔的同轴约束，单击"装配约束"对话框中的"确定"按钮，完成护口板零件的配对操作，结果如图 6-24 所示。

图 6-22　选择护口板孔 1

图 6-23　选择钳座孔 2

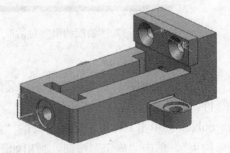

图 6-24　添加护口板

3. 添加螺钉

（1）添加螺钉。单击"装配"工具栏中的"添加组件" 图标，在弹出的"添加组件"对话框中单击"打开"右侧的 图标，弹出"部件名"对话框，在对话框文件列表中选择"luoding"，单击 OK 按钮，在弹出的"添加组件"对话框中单击"确定"按钮，弹出"装配约束"对话框。

（2）使螺钉和护口板孔同轴。在弹出的"装配约束"对话框中，"类型"下拉列表中选择"接触对齐"，在"方位"下拉列表中选择"自动判断中心/轴"，系统提示为"接触/对齐"选择第一个对象或拖动几何体，按图 6-25 所示在"组件预览"窗口中选择螺钉上的圆柱 1，系统提示为"接触/对齐"选择第二个对象或拖动几何体，按图 6-26 所示在绘图区选择护口板上相应的圆柱孔 2，此时预览显示螺钉的安装方向，如果安装方向不正确，可单击"装配约束"对话框中的"反向上一个约束" 图标，调整螺钉安装方向。单击"装配约束"对话框中的"应用"按钮，则在螺钉和护口板的孔之间添加同轴约束。

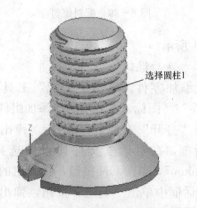

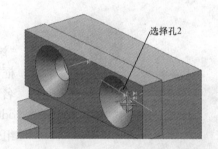

图 6-25 选择螺钉圆柱 1　　　　　　　　图 6-26 选择护口板选择孔 2

（3）使螺钉和护口板的圆锥面配合。继续按图 6-27 所示在"组件预览"窗口中选择螺钉的圆锥面 1，接着按图 6-28 所示选择钳座护口板上相应的圆锥孔 2，单击"装配约束"对话框中的"确定"按钮，则在这两个圆锥面之间添加同轴约束。

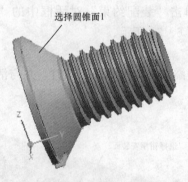

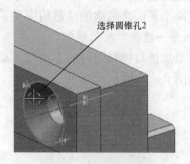

图 6-27 选择螺钉圆锥面 1　　　　　　　　图 6-28 选择护口板圆锥孔 2

（4）调整螺钉的槽方向。此时可看到螺钉已安装在螺钉孔中，但螺钉槽位置是斜的，为了使图面美观，可添加其他约束使螺钉槽位置沿竖直方向。单击"装配"工具栏中的"装配约束" 图标，在弹出的"装配约束"对话框中"类型"下拉列表中选择"平行"，系统提示为"平行"选择第一个对象或拖动几何体，按图 6-29 所示先选择螺钉的槽侧面 1，接着选择护口板的侧面 2，单击"装配约束"对话框中的"确定"按钮，则在这两个面之间添加平行约束，如图 6-30 所示。

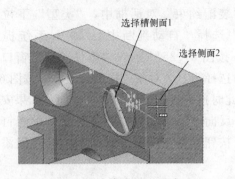

图 6-29　添加平行约束

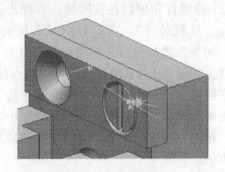

图 6-30　配对螺钉

按同样的方法添加另一个螺钉，结果如图 6-31 所示。

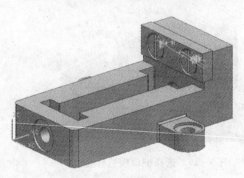

图 6-31　添加螺钉

4. 添加活动钳口

（1）添加零件。单击"装配"工具栏中的"添加组件" 图标，在弹出的"添加组件"对话框中单击"打开"右侧的 图标，弹出"部件名"对话框，在对话框文件列表中选择"hu-odongqiankou"，单击 OK 按钮，在弹出的"添加组件"对话框中单击"确定"按钮，弹出"装配约束"对话框。

（2）配对活动钳口和钳座的安装面。在弹出的"装配约束"对话框中"类型"下拉列表中选择"接触对齐"，系统提示为"接触/对齐"选择第一个对象或拖动几何体，先在"组件预览"窗口中适当旋转模型后选择活动钳口的安装底面 1，如图 6-32 所示，接着在绘图区选择钳座上相应的安装平面 2，如图 6-33 所示，单击"装配约束"对话框中的"应用"按钮，则在这两个平面之间添加接触约束关系，如图 6-34 所示。

5. 添加另一块护口板及螺钉

按前述添加护口板和螺钉的方法在活动钳口上添加护口板和两个螺钉，并与活动钳口配对，结果如图 6-35 所示。

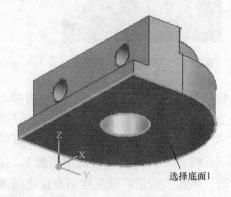

图 6-32　配对活动钳口

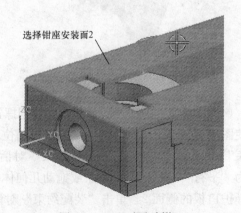

图 6-33　配对活动钳口

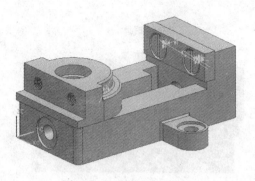

图 6-34　添加活动钳口

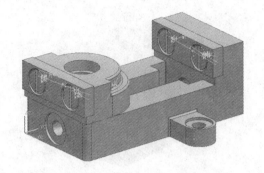

图 6-35　添加活动钳口护口板和螺钉

6. 添加方块螺母

（1）添加方块螺母。单击"装配"工具栏中的"添加组件" 图标，在弹出的"添加组件"对话框中单击"打开"右侧的 图标，弹出"部件名"对话框，在对话框文件列表中选择"fangkuailuomu"，单击 OK 按钮，在弹出的"添加组件"对话框中"定位"选项右侧下拉列表中选择"通过约束"，单击"确定"按钮，弹出"装配约束"对话框。

（2）使方块螺母孔和钳座的孔同轴。在弹出的"装配约束"对话框中"类型"下拉列表中选择"接触对齐"，在"方位"右侧下拉列表中选择"自动判断中心/轴"，系统提示为"接触/对齐"选择第一个对象或拖动几何体，按图 6-36 所示选择方块螺母上的圆柱孔 1，系统提示为"接触/对齐"选择第二个对象或拖动几何体，按图 6-37 所示选择钳座上的圆柱孔 2，单击"装配约束"对话框中的"应用"按钮，则在方块螺母和钳座孔之间添加同轴约束。

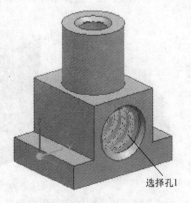

图 6-36　选择方块螺母圆柱孔 1

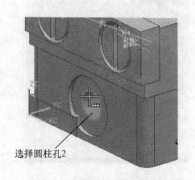

图 6-37　选择钳座圆柱孔 2

（3）使方块螺母圆柱和活动钳口孔同轴。在"装配约束"对话框中"方位"右侧下拉列表中选择"自动判断中心/轴"，继续按图 6-38 所示选择方块螺母上的圆柱 1，按图 6-39 所示选择活动钳口上的圆柱孔 2，单击"装配约束"对话框中的"确定"按钮，则在方块螺母和活动钳口孔之间添加同轴约束。

（4）调整活动钳口的方向。为了使钳口部位正对，需要将活动钳口在水平面内旋转 180°。单击"装配"工具栏中的"移动组件" 图标，弹出"移动组件"对话框，如图 6-40 所示，

图 6-38　选择方块螺母圆柱 1

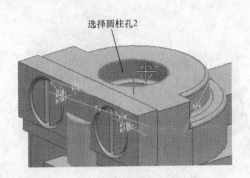

图 6-39　选择活动钳口圆柱孔 2

在对话框中"类型"选项下拉列表中选择"绕轴旋转",系统提示选择要移动的组件,选择活动钳口和其上的护口板及两个螺钉,单击"移动组件"对话框中的"指定矢量"选项,则在活动钳口零件上显示一个坐标系,如图 6-41 所示,系统提示选择对象以自动判断矢量,按图 6-41 所示选择坐标系的 Z 轴矢量,在"移动组件"对话框中"角度"输入框中输入"180",单击"确定"按钮,则活动钳口和其上的护口板及螺钉绕 Z 轴旋转 180°,结果如图 6-42 所示。

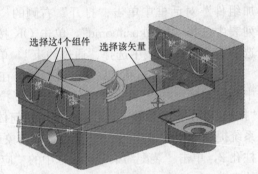

图 6-41　选择组件和旋转矢量

图 6-40　"移动组件"对话框

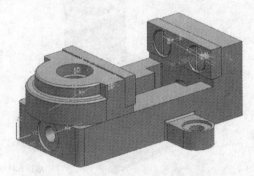

图 6-42　旋转活动钳口及其上零件

　　(5) 调整活动钳口的位置。设置钳口的打开距离(即两块护口板相对面的距离)为 30。单击"装配"工具栏中的"装配约束"　图标,弹出"装配约束"对话框,如图 6-43 所示,在对话框中"类型"选项下拉列表中选择"距离",系统提示为"距离"选择第一个对象或拖动几何体,旋转视图到适当位置,按图 6-44 所示选择活动钳口上护口板的面 1,系统提示为"距离"选择第二个对象或拖动几何体,适当旋转模型,按图 6-45 所示选择钳座上护口板的面 2,则对话框变为图 6-46 所示,在"距离"输入框输入"30",单击"确定"按钮关闭对话框,结果如图 6-47 所示。

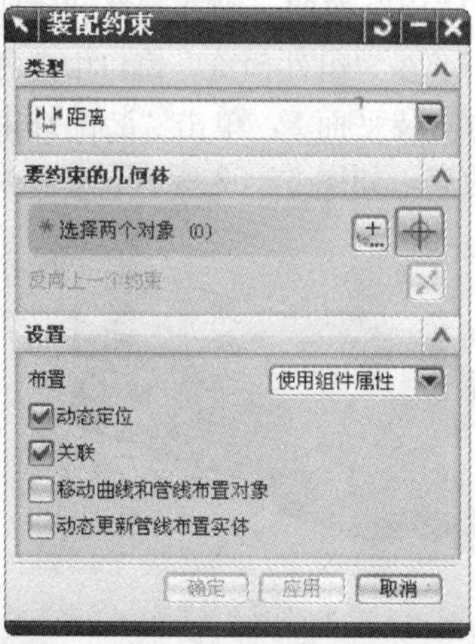

图 6-43 "装配约束"对话框（一）

图 6-46 "装配约束"对话框（二）

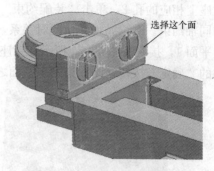

图 6-44 选择护口板面（一）

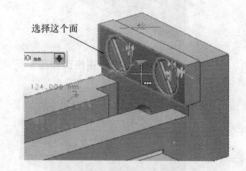

图 6-45 选择护口板面（二）

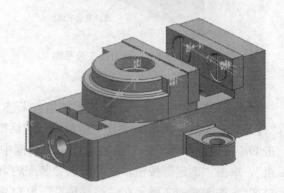

图 6-47 设置钳口打开距离

7. 添加螺杆

单击"装配"工具栏中的"添加组件" 图标，在弹出的"添加组件"对话框中单击
"打开"右侧的图标，弹出"部件名"对话框，在对话框文件列表中选择"luogan"，单击
OK 按钮，在弹出的"添加组件"对话框中"定位"选项右侧下拉列表中选择"通过约束"，
单击"确定"按钮，在弹出的"装配约
束"对话框中"类
型"下拉列表中选择"接触对齐"，在"方位"右侧下拉列
表中选择"自动判断中心/轴"，系统提示为"接触/对齐"
选择第一个对象或拖动几何体，按图 6-48 所示先在"组
件预览"窗口中选择螺杆上的圆柱 1，系统提示为"接触/
对齐"选择第二个对象或拖动几何体，按图 6-49 所示选

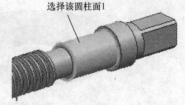

图 6-48 选择螺杆圆柱面 1

择钳座上相应的孔 2，单击"装配约束"对话框中的"应用"按钮，则在螺杆和钳座孔之间添加同轴约束。继续添加其他配对关系，按图 6-50 所示在"组件预览"窗口中选择螺杆的安装平面 1，接着按图 6-51 所示在钳座上选择相应的安装平面 2，单击"装配约束"对话框中的"确定"按钮，则在这两个平面之间添加接触约束，如图 6-52 所示。

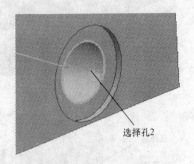

图 6-49　选择钳座圆柱孔 2

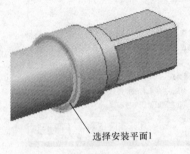

图 6-50　选择螺杆安装平面 1

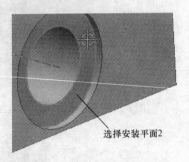

图 6-51　选择钳座安装平面 2

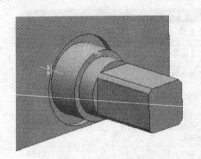

图 6-52　添加螺杆

8. 添加垫圈

　　单击"装配"工具栏中的"添加组件" 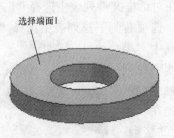 图标，在弹出的"添加组件"对话框中单击"打开"右侧的 图标，弹出"部件名"对话框，在对话框文件列表中选择"dianquan"，单击 OK 按钮，在弹出的"添加组件"对话框中"定位"选项右侧下拉列表中选择"通过约束"，单击"确定"按钮，在弹出的"装配约束"对话框中"类型"下拉列表中选择"接触对齐"，按图 6-53 所示在"组件预览"窗口中选择垫圈的安装端面 1，接着按图 6-54 所

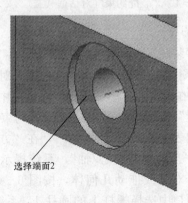

图 6-53　选择垫圈安装端面　　　　　　图 6-54　选择钳座安装端面

示在钳座上选择相应的安装端面2,单击"装配约束"对话框中的"应用"按钮,则在这两个端面之间添加接触约束。继续添加其他配对关系,在"装配约束"对话框中"类型"下拉列表中选择"接触对齐",在"方位"右侧下拉列表中选择"自动判断中心/轴",按图6-55所示在"组件预览"窗口选择垫圈上的孔1,接着在钳座上选择相应的孔2,单击"装配约束"对话框中的"确定"按钮,则在这两个孔之间添加同轴约束,结果如图6-56所示。

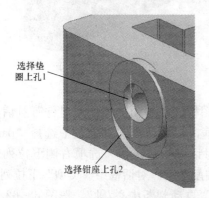

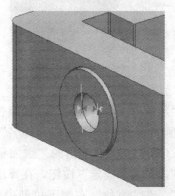

图6-55 选择垫圈和虎钳上的孔   图6-56 添加垫圈

9. 添加螺母

单击"装配"工具栏中的"添加组件" 图标,在弹出的"添加组件"对话框中单击"打开"右侧的 图标,弹出"部件名"对话框,在对话框文件列表中选择"luomu",单击OK按钮,在弹出的"添加组件"对话框中"定位"选项右侧下拉列表中选择"通过约束",单击"确定"按钮,在弹出的"装配约束"对话框中"类型"下拉列表中选择"接触对齐",在"方位"右侧下拉列表中选择"自动判断中心/轴",按图6-57所示先在"组件预览"窗口选择螺母上的圆柱孔1,接着按图6-58所示选择垫圈的外圆柱面2,单击"装配约束"对话框中的"应用"按钮,则在螺母和垫圈之间添加同轴约束。继续添加其他配对关系,按图6-59所示在"组件预览"窗口选择螺母的安装端面1,接着按图6-60所示在垫圈上选择相应的安装端面2,单击"装配约束"对话框中的"确定"按钮,则在这两个平面之间添加接触约束,如图6-61所示。

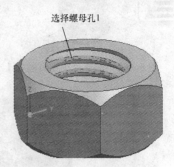

图6-57 选择螺母内孔1

图6-58 选择垫圈外圆柱2

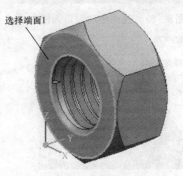

图6-59 选择螺母端面1

图 6-60　选择垫圈端面 2

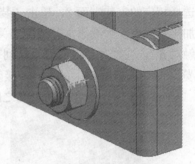

图 6-61　添加螺母

10. 添加盘头螺钉

单击"装配"工具栏中的"添加组件" 图标，在弹出的"添加组件"对话框中单击"打开"右侧的 图标，弹出"部件名"对话框，在对话框文件列表中选择"pantouluod-ing"，单击 OK 按钮，在弹出的"添加组件"对话框中"定位"选项右侧下拉列表中选择"通过约束"，单击"确定"按钮，在弹出的"装配约束"对话框中"类型"下拉列表中选择"接触对齐"，在"方位"右侧下拉列表中选择"自动判断中心/轴"，按图 6-62 所示先在

图 6-62　选择盘头螺钉圆柱 1

"组件预览"窗口选择盘头螺钉上的圆柱 1，接着按图 6-63 所示选择活动钳口上相应的圆柱孔 2，单击"装配约束"对话框中的"应用"按钮，则在盘头螺钉和活动钳口孔之间添加同轴约束。继续添加其他配对关系，在"组件预览"窗口中适当旋转模型后按图 6-64 所示选择盘头螺钉的安装面 1，接着按图 6-65 所示选择活动钳口上相应的安装面 2，单击"装配约束"对话框中的"确定"按钮，则在这两个平面之间添加接触约束。至此完成了虎钳的全部零件装配，结果如图 6-66 所示。

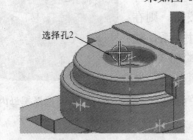

图 6-63　选择活动钳口圆柱孔 2

图 6-64　选择盘头螺钉安装面 1

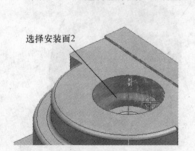

图 6-65　选择活动钳口安装面 2

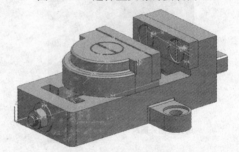

图 6-66　虎钳装配

单击"实用工具"工具栏中的"显示 WCS" 图标,隐藏坐标系,在"类型过滤器"选项下拉菜单中选择"装配约束",然后在绘图区按下鼠标左键拖出矩形框选中整个装配体,则所有的装配约束被选中,将光标置于选中的约束上,右击,在弹出的快捷菜单中选择"隐藏",则隐藏模型中的装配约束符号。也可在装配导航器中右击"约束",在弹出的快捷菜单中单击"在图形窗口中显示约束",取消选项前的"√",得到如图 6 - 12 所示的虎钳装配体。

6.5 实训 2:虎钳装配爆炸图

创建如图 6 - 67 所示虎钳的装配爆炸图。

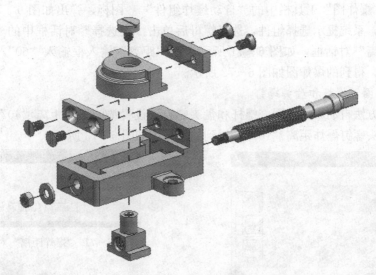

图 6 - 67 虎钳爆炸图

装配爆炸图将装配体中配对的组件沿指定的方向和距离偏离原来的实际装配位置,用来表示装配体中各组件的装配关系。

通过下拉菜单命令"装配"→"爆炸图"的子菜单或如图 6 - 68 所示的"爆炸图"工具栏可以创建和编辑装配爆炸图。

图 6 - 68 "爆炸图"工具栏

本实训通过虎钳装配体介绍装配爆炸图的创建方法,具体操作步骤如下。

6.5.1 打开部件文件

启动 UG NX 6.0 软件,单击"打开" 图标,弹出"打开"对话框,打开复制到硬盘的文件"F:\huqian\huqian_assembly.prt"。单击"实用工具"工具栏中的"显示 WCS" 按钮,关闭模型中坐标系的显示。

图 6-69 "创建爆炸图"对话框

6.5.2　创建爆炸图

选择菜单命令"装配"→"爆炸图"→"新建爆炸"，或单击"爆炸图"工具栏中的"创建爆炸图" 图标，弹出如图 6-69 所示的"创建爆炸图"对话框，系统提示输入新的爆炸图名称，单击"确定"按钮则系统创建爆炸图。创建爆炸图后，装配体中的各个组件的位置没有发生变化，需要对爆炸图进行编辑。

6.5.3　编辑爆炸图

1. 自动爆炸组件

创建爆炸图后，需要编辑组件的位置。选择菜单命令"装配"→"爆炸图"→"自动爆炸组件"，或单击"爆炸图"工具栏中的"自动爆炸组件" 图标，弹出如图 6-70 所示的"类选择"对话框，系统提示选择组件，选择螺母后单击"类选择"对话框中的"确定"按钮，弹出"爆炸距离"对话框，如图 6-71 所示，在"距离"输入框输入"60"，单击"确定"按钮爆炸螺母，得到的爆炸图如图 6-72 所示。

2. 爆炸垫圈、螺杆和盘头螺钉

按同样的方法自动爆炸垫圈、螺杆和盘头螺钉，设置垫圈爆炸距离"40"，螺杆爆炸距离"200"，盘头螺钉爆炸距离"100"，得到的爆炸图如图 6-73 所示。

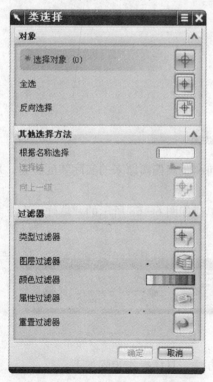

图 6-70 "类选择"对话框

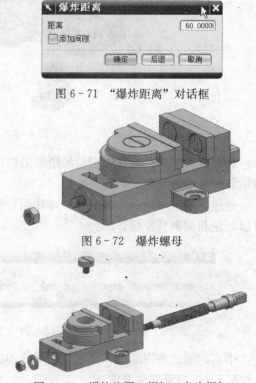

图 6-71 "爆炸距离"对话框

图 6-72 爆炸螺母

图 6-73 爆炸垫圈、螺杆、盘头螺钉

3. 爆炸方块螺母

选择菜单命令"装配"→"爆炸图"→"编辑爆炸图"，或单击"爆炸图"工具栏中的"编辑爆炸图" 图标，弹出如图 6-74 所示的"编辑爆炸图"对话框，系统提示选择要爆炸的组件，选择方块螺母组件，在"编辑爆炸图"对话框中选择"移动对象"选项，则在选中的零件上显示一个带移动手柄和旋转手柄的坐标系，如图 6-75 所示。将光标移到 Z 轴的箭头上，按下鼠标左键向下拖动鼠标，则方块螺母沿 Z 轴向下移动，在适当位置松开鼠标左键放置方块螺母，单击对话框的"确定"按钮关闭对话框。

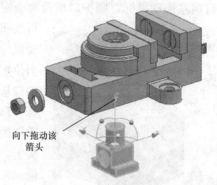

图 6-74　"编辑爆炸图"对话框　　　　图 6-75　爆炸方块螺母

4. 爆炸活动钳口组件

单击"爆炸图"工具栏中的"编辑爆炸图" 图标，弹出"编辑爆炸图"对话框，选择活动钳口及其上的护口板和两个螺钉，在"编辑爆炸图"对话框中选择"移动对象"选项，则显示一个带移动手柄和旋转手柄的坐标系，如图 6-76 所示，将光标移到 Z 轴的箭头上，按下鼠标左键向上拖动鼠标，则活动钳口组件沿 Z 轴向上移动，在适当位置松开鼠标左键放置活动钳口组件，单击"应用"按钮。

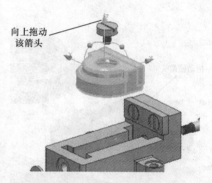

图 6-76　爆炸活动钳口组件

继续选择活动钳口上的两个螺钉，在"编辑爆炸图"对话框中选择"移动对象"选项，则显示一个带移动手柄和旋转手柄的坐标系，按图 6-77 所示将光标移到 Y 轴的箭头上，按下鼠标左键向右拖动鼠标，则两个螺钉沿 Y 轴向右移动，在适当位置松开鼠标左键放置两个螺钉，单击"应用"按钮；继续选择活动钳口上的护口板，在"编辑爆炸图"对话框中选择"移动对象"选项，则显示一个带移动手柄和旋转手柄的坐标系，按图 6-78 所示将光标移到 Y 轴的箭头上，按下鼠标左键向右拖动鼠标，则护口板沿 Y 轴向右移动，在适当位置松开鼠标左键放置护口板，单击"确定"按钮关闭对话框。

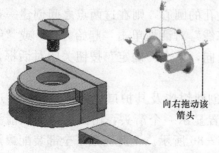

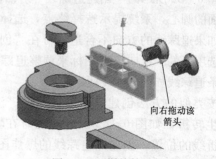

图 6-77　爆炸两个螺母　　　　　　　图 6-78　爆炸护口板

5. 爆炸钳座护口板及螺钉

单击"爆炸图"工具栏中的"编辑爆炸图" 图标，弹出"编辑爆炸图"对话框，选择钳座上的护口板及两个螺钉，在"编辑爆炸图"对话框中选择"移动对象"选项，则显示一个带移动手柄和旋转手柄的坐标系，按图6-79所示先将光标移到 Y 轴的箭头上，按下鼠标左键向左拖动鼠标，则护口板及两个螺钉沿 Y 轴向左移动，在适当位置松开鼠标左键；再次将光标移到 Z 轴的箭头上，按下鼠标左键向上拖动鼠标，则护口板及两个螺钉沿 Z 轴向上移动，在适当位置松开鼠标左键，单击"应用"按钮；继续选择护口板上的两个螺钉，在"编辑爆炸图"对话框中选择"移动对象"选项，则显示一个带移动手柄和旋转手柄的坐标系，按图6-80所示将光标移到 Y 轴的箭头上，按下鼠标左键向左拖动鼠标，则两个螺钉沿 Y 轴向左移动，在适当位置松开鼠标左键，单击"确定"按钮关闭对话框，结果如图6-81所示。至此完成了全部组件的爆炸。

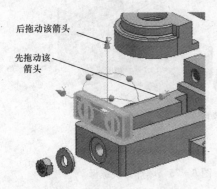

图6-79　爆炸护口板及螺钉

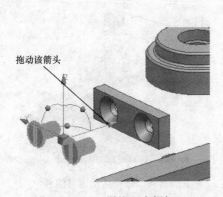

图6-80　爆炸两个螺钉

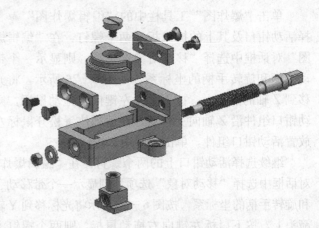

图6-81　虎钳爆炸图

6.5.4　添加追踪线

为了更清楚地表达零件之间的装配关系，需要用追踪线表示零件爆炸的轨迹。选择菜单命令"装配"→"爆炸图"→"追踪线"，或单击"爆炸图"工具栏中的"追踪线" 图标，弹出如图6-82所示的"创建追踪线"对话框，系统提示选择起点，按图6-83所示选择螺母一端面的圆心，系统提示选择终点，选择钳座上孔的圆心，则在这两点之间创建一条追踪线，如果追踪线的方向不合适，可在"创建追踪线"对话框单击"起始方向"或"终止方向"选项下的"反向" 图标来调整追踪线的走向，单击"确定"按钮关闭对话框，则创建一条追踪线如图6-84所示。

按类似的方法创建其余的追踪线。注意在创建钳座及其护口板的追踪线时，追踪线会发生转折，如图6-85所示，此时在转折位置显示一个箭头，用鼠标拖动该箭头可调整转折线的位置。创建好追踪线的爆炸图如图6-86所示。至此完成了全部装配爆炸图的创建。

图6-82 "创建追踪线"对话框

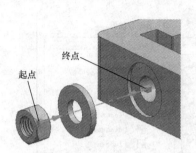
图6-83 创建追踪线（一）

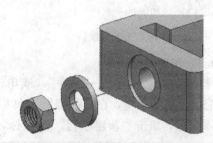
图6-84 创建追踪线（二）

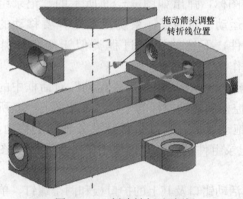
图6-85 创建转折追踪线

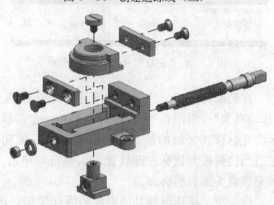
图6-86 虎钳装配爆炸图

6.6 实训3：虎钳装配序列

UG NX提供的装配序列可使用户控制一个装配体的装配和拆卸顺序，并可以创建动画模拟组件的安装和拆卸过程。

本实训通过虎钳装配体介绍装配序列的创建方法，具体操作步骤如下。

6.6.1 打开部件文件

启动UG NX 6.0软件，单击"打开" 图标，弹出"打开"对话框，打开复制到硬盘的文件"F：\huqian\huqian_assembly. prt"。单击"实用工具"工具栏中的"显示WCS" 图标，关闭模型中坐标系的显示。

6.6.2 取消组件配对条件

单击窗口左侧的"装配导航器"图标，按图6-87所示单击"约束"前的"＋"展开全部约束，按图6-88所示单击每个配对条件前的"√"，取消全部配对条件。

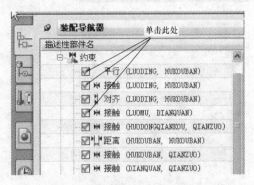

图 6-87　装配导航器　　　　　　　　　图 6-88　取消配对条件

6.6.3　创建装配序列

选择菜单命令"装配"→"顺序",或单击"爆炸图"工具栏中的"装配序列"  图标,进入装配顺序任务环境,在"标准"工具栏中会出现"精加工序列" 按钮和"新建序列"图标,单击"新建序列"图标,则"装配次序和运动"工具栏变为可选。单击"装配次序和运动"工具栏中的"插入运动"图标,弹出如图 6-89 所示的"记录组件运动"对话框,系统提示选择要移动的组件,下述的操作过程类似于组件爆炸操作。

图 6-89　"记录组件运动"对话框

在装配体中按组件的拆卸顺序,先选择盘头螺钉,单击"记录组件运动"对话框中的"移动对象" 图标,则在零件上显示一个带移动控标和转动控标的坐标系,按图 6-90 所示将光标移到 Z 轴的箭头上,按下鼠标左键向上拖动鼠标,则盘头螺钉沿 Z 轴向上移动,在适当位置松开鼠标左键放置盘头螺钉,单击"记录组件运动"对话框中的"确定"图标完成盘头螺钉的拆卸。

按类型的操作继续其他组件的拆卸操作。选择活动钳口及其上的护口板和两个螺钉,单击"记录组件运动"对话框中的"移动对象" 图标,按图 6-91 所示将光标移到 Z 轴的箭

图 6-90　拆卸盘头螺钉

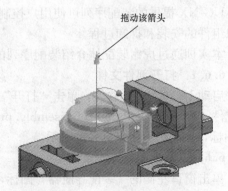

图 6-91　拆卸活动钳口组件

头上，按下鼠标左键向上拖动鼠标，则活动钳口组件沿 Z 轴向上移动，在适当位置松开鼠标左键放置活动钳口组件，单击"记录组件运动"对话框中的"确定"☑图标；适当旋转模型，继续选择活动钳口上的两个螺钉，单击"记录组件运动"对话框中的"移动对象"⊡图标，按图 6-92 所示将光标移到 Y 轴的箭头上，按下鼠标左键向右拖动鼠标，则两个螺钉沿 Y 轴正方向移动，在适当位置松开鼠标左键放置螺钉，单击"记录组件运动"对话框中的"确定"☑图标；单击"视图"工具栏中的"正二测视图"⊘图标，继续选择活动钳口上的护口板，单击"记录组件运动"对话框中的"移动对象"⊡按钮，按图 6-93 所示将光标移到 Y 轴的箭头上，按下鼠标左键向右拖动鼠标，则护口板沿 Y 轴正方向移动，在适当位置松开鼠标左键放置护口板，单击"记录组件运动"对话框中的"确定"☑图标。

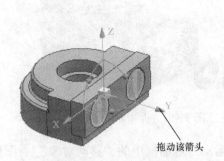

图 6-92 拆卸螺钉

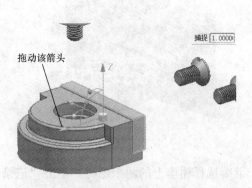

图 6-93 拆卸护口板

　　继续选择螺母，单击"记录组件运动"对话框中的"移动对象"⊡图标，按图 6-94 所示将光标移到 Y 轴的箭头上，按下鼠标左键向左拖动鼠标，则螺母沿 Y 轴负方向移动，在适当位置松开鼠标左键放置螺母，单击"记录组件运动"对话框中的"确定"☑图标；继续选择垫圈，单击"记录组件运动"对话框中的"移动对象"⊡图标，按图 6-95 所示将光标移到 Y 轴的箭头上，按下鼠标左键向左拖动鼠标，则垫圈沿 Y 轴负方向移动，在适当位置松开鼠标左键放置垫圈，单击"记录组件运动"对话框中的"确定"☑图标。

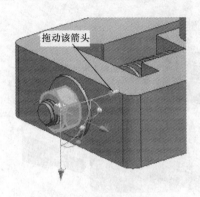

图 6-94 拆卸螺母

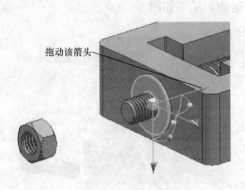

图 6-95 拆卸垫圈

　　继续选择螺杆，单击"记录组件运动"对话框中的"移动对象" 🖳 图标，按图6-96所示将光标移到Y轴的箭头上，按下鼠标左键向右拖动鼠标，则螺杆沿Y轴正方向移动，在适当位置松开鼠标左键放置螺杆，单击"记录组件运动"对话框中的"确定" ☑ 图标；继续选择方块螺母，单击"记录组件运动"对话框中的"移动对象" 🖳 图标，如图6-97所示将光标移到Z轴的箭头上，按下鼠标左键向下拖动鼠标，则方块螺母沿Z轴向下移动，在适当位置松开鼠标左键放置方块螺母，单击"记录组件运动"对话框中的"确定" ☑ 图标。

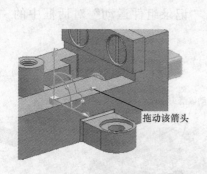

图6-96　拆卸螺杆

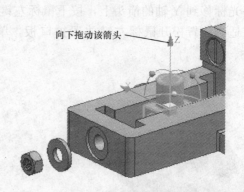

图6-97　拆卸方块螺母

　　继续选择钳座上的两个螺钉，单击"记录组件运动"对话框中的"移动对象" 🖳 图标，如图6-98所示先将光标移到Y轴的箭头上，按下鼠标左键向左拖动鼠标，则两个螺钉沿Y轴负方向移动，在适当位置松开鼠标左键，再次将光标移到Z轴的箭头上，按下鼠标左键向上拖动鼠标，则两个螺钉沿Z轴向上移动，在适当位置松开鼠标左键放置螺钉，单击"记录组件运动"对话框中的"确定" ☑ 图标；继续选择钳座上的护口板，单击"记录组件运动"对话框中的"移动对象" 🖳 图标，如图6-99所示先将光标移到Y轴的箭头上，按下鼠标左键向左拖动鼠标，则护口板沿Y轴负方向移动，在适当位置松开鼠标左键，再次将光标移到Z轴的箭头上，按下鼠标左键向上拖动鼠标，则护口板沿Z轴向上移动，在适当位置松开鼠标左键放置护口板，单击"记录组件运动"对话框中的"确定" ☑ 图标，再次单击"记录组件运动"对话框中的"关闭" ⊠ 图标关闭对话框。至此完成了全部组件的拆卸运动，结果如图6-100所示。

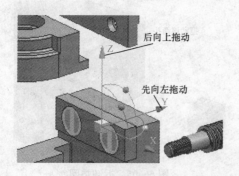

图6-98　拆卸螺钉

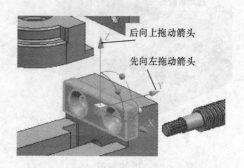

图6-99　拆卸护口板

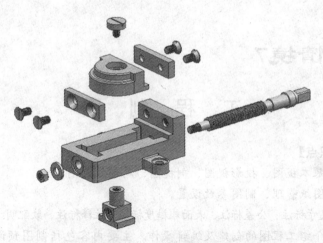

图 6 - 100　组件拆卸结果

6.6.4　组件装配和拆卸仿真

建立装配顺序后可通过"装配次序回放"工具栏进行回放，单击"装配次序回放"工具栏中的"向前播放" 图标显示装配体中组件的拆卸过程；单击"向后播放" 图标显示组件的装配过程；装配过程正确无误后可单击"导出至电影" 图标将组件装配和拆卸过程导出为 AVI 视频文件。装配序列完成后单击"标准"工具栏的"精加工序列" 按钮返回建模窗口。

学习情境7

工　程　制　图

【本模块知识点】

创建视图：基本视图、投影视图、剖视图、局部放大图。

视图编辑：图纸管理、制图参数设置。

图样标注：尺寸标注、公差标注、表面粗糙度标注、注释标注、装配明细表、零件序号。

本模块主要介绍工程图的创建及编辑操作。主要内容包括制图预设置，创建图纸，创建视图和剖视图，标注尺寸，标注表面粗糙度，添加注释，添加零部件明细表、添加装配图零件序号等。

UG NX 中的工程制图是将三维模型向二维空间投影变换得到的二维图形，这些图形严格地与三维模型相关。一般不能在图纸空间进行随意修改，因为这样会破坏模型与视图之间的对应关系。用户主要工作是投影视图之后，完成图纸需要的其他信息的绘制、标注、说明等。

由实体模型绘制工程图，一般可按下述步骤进行：

（1）启动 UG NX，打开实体模型部件文件。

（2）进入制图应用模块，在打开的对话框中根据制图需要进行制图预设置，包括图纸名称、图幅大小、比例、单位和投影角等。

（3）进行必要的制图参数设置。

（4）添加基本视图、投影视图、剖视图、局部放大图等。

（5）调整视图布局。

（6）进行必要的视图相关编辑。

（7）进行图样标注，添加尺寸、表面粗糙度、文字注释、标题栏等内容。

（8）保存文件。

工程制图涉及到许多相关的标准，要使工程制图符合相关标准的要求，必须先进行一些必要的制图设置，下面先介绍一些常用的制图预设置，再通过实例介绍工程图的创建。

7.1　任务1：制图预设置

在绘制工程图前，一般都需要预先设置制图参数，以使绘制的图样符合相关标准或用户要求。

运行 UG NX 6.0，打开要创建工程图的模型文件，单击"开始"→"制图"模块，进入制图模块，弹出如图 7-1 所示"工作表"对话框，在对话框中取消"自动启动基本视图命令"选项前的"√"，单击"确定"按钮，则创建一张空白的图纸，将光标置于某一工具栏上，右击，在弹出的快捷菜单中打开"制图首选项"工具栏，如图 7-2 所示，可与菜单命令"首选项"一起进行制图预设置。

图 7-1 "工作表"对话框

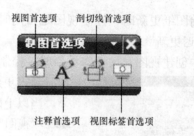

图 7-2 "制图首选项"工具栏

7.1.1 制图预设置

选择下拉菜单"首选项"/"制图",弹出"制图首选项"对话框,该对话框包括:"常规"、"预览"、"视图"和"注释"4个选项页。下面介绍几个常用选项的设置。

1."常规"选项页(见图 7-3)

"自动启动插入图纸页命令"

该选项用于控制首次进入制图模块时,是否自动插入图纸页。该选项有效时,进入制图模块后,系统会自动插入一张图纸,绘图区变为图纸页面。否则进入制图模块后,绘图区仍显示模型,不发生变化,需要手动新建图纸页。该选项一般可设为有效。

"自动启动基本视图命令"

该选项有效时,进入制图模块,显示图纸页面后,系统会自动在图纸中插入基本视图。否则进入制图模块后,绘图区只显示一张空白图纸,需要手动添加基本视图。该选项必须在前一选项"自动启动插入图纸页命令"有效时才生效。该选项一般可设为有效。

"自动启动投影视图命令"

该选项有效时,进入制图模块,显示图纸页面后,系统会自动在图纸中插入基本视图,还会将基本视图投影成投影视图。否则进入制图模块后,系统只会自动插入基本视图,不生成其他投影视图。该选项必须在前两个选项都有效时才生效。该选项一般可设为有效。

2."视图"选项页(见图 7-4)

"延迟视图更新"

图 7-3 "制图首选项"对话框"常规"选项页

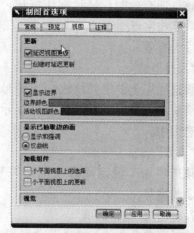

图 7-4 "制图首选项"对话框"视图"选项页

当系统初始图纸更新时，控制视图是否同时更新。该选项有效时，表示延迟视图更新。

"创建时延迟更新"

当在图纸中创建视图、尺寸等更新时，控制视图是否同时更新，该选项有效时，表示创建时延迟更新。

当以上两选项都有效而又要更新视图时，可采用"编辑"→"视图"→"更新视图"来更新。

"显示边界"

每个视图都有一个边界，它可以是自动边界（由系统根据视图大小所做的矩形包围框），也可以是用户自定义的边界。该选项控制是否显示视图的边界。该选项一般可设为无效。

3."注释"选项页（见图 7-5）

"保留注释"

当设计模型修改时，可能一些注释或标注对象的基准被删除，这些标注对象是否还保留，可由"保留注释"选项来控制。该选项有效表示保留注释。

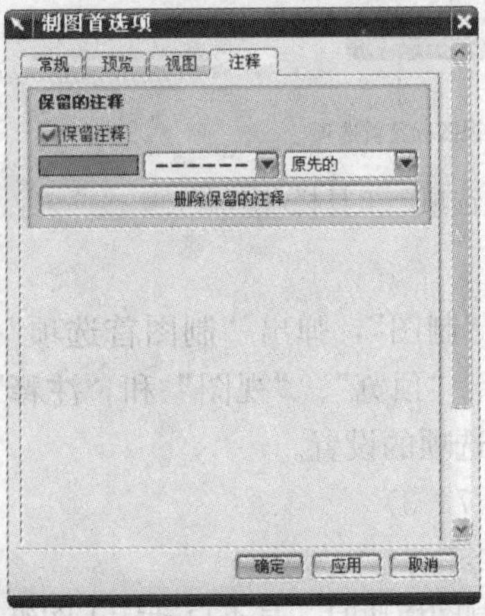

图 7-5 "制图首选项"对话框
"注释"选项页

保留的注释或尺寸不能在制图范围内修改，只能在制图预设置对话框的注释选项中，选择"删除保留的注释"按钮进行删除。

7.1.2 剖切线首选项

剖切线首选项主要控制剖切线的线型、线宽、箭头大小、显示标签等内容。选择下拉菜单命令"首选项"→"剖切线"，或单击图 7-2 所示的"制图首选项"工具栏中的"剖切线首选项" 图标，弹出"剖切线首选项"对话框，如图 7-6 所示。

对话框中主要选项的意义为：

"显示标签"

该选项有效时，显示剖切标记，系统自动按照剖视图顺序按字母顺序 A，B，…标记剖切符号。该选项一般设为有效。

"尺寸"

该选项用于设定或修改剖切符号各部分的尺寸和投影箭头的形式。各部分的尺寸显示在"图例"下方的示意图中。

"设置"

该选项用于设定或修改剖切符号的形式、颜色、线型、线宽等。

7.1.3 视图首选项

选择菜单命令"首选项"→"视图"或在图 7-2 所

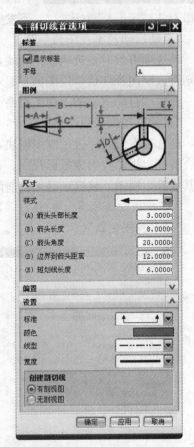

图 7-6 "剖切线首选项"对话框

示的"制图首选项"工具栏中单击"视图首选项"  图标,弹出"视图首选项"对话框,如图 7-7 所示。视图首选项控制与视图有关的显示特性。其内容有常规、隐藏线、可见线、光顺边、虚拟交线、螺纹等。常用选项说明如下。

1."隐藏线"选项页

隐藏线常用于表达模型内部不可见轮廓线,其对话框如图 7-8 所示。

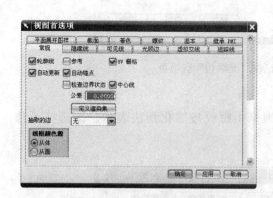

图 7-7 "视图首选项"对话框

图 7-8 "视图首选项"对话框"隐藏线"选项页

"隐藏线"

该选项有效时,表示在视图中显示隐藏线,可以控制隐藏线是否显示,可以修改隐藏线的颜色、线型、线宽。国标中隐藏线用细虚线来表示。该选项一般设为有效。

"边隐藏边"

当模型进行投影时,零件的棱边可能会重叠在一起,选择该选项,则隐藏边全部显示。该选项一般设为无效。

2."可见线"选项页

可见线主要控制视图轮廓线的颜色、线型和线宽,如图 7-9 所示。国标中可见线用粗实线表示。

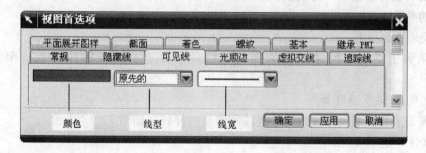

图 7-9 "视图首选项"对话框"可见线"选项页

3. "光顺边"选项页

光顺边主要控制模型相切处边线的显示。该选项有效时，则显示光顺边，如图 7-10 所示。该选项一般设为无效。

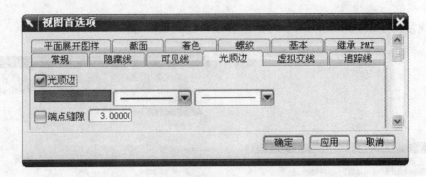

图 7-10 "视图首选项"对话框"光顺边"选项页

4. "螺纹"选项页

该选项主要控制视图中螺纹的显示方式。国标中螺纹按简化画法表示。该选项可选 "ISO/简化的"，如图 7-11 所示。

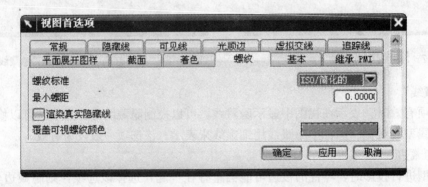

图 7-11 "视图首选项"对话框"螺纹"选项页

7.1.4 注释首选项

选择菜单命令"首选项"→"注释"，或单击"制图首选项"工具栏的"注释首选项" A 图标，弹出"注释首选项"对话框，如图 7-12 所示。该对话框主要设置和尺寸标注及文字注释有关的参数。

1. "尺寸"选项页

该选项页主要控制尺寸标注的样式、精度和公差、倒角标注样式、窄尺寸的标注等。

2. "直线/箭头"选项页

该选项页主要控制尺寸线、尺寸界线和箭头的样式，如图 7-13 所示。

3. "文字"选项页

该选项页主要设置文本之间的对齐方式、字体、字符大小、颜色等属性，如图 7-14 所示。

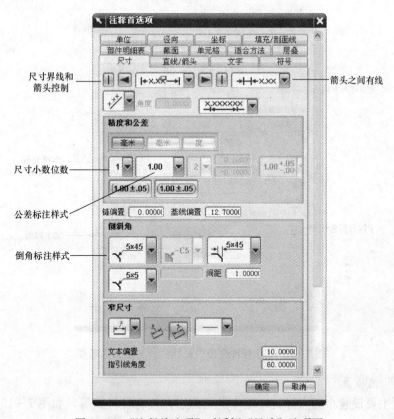

图 7-12　"注释首选项"对话框"尺寸"选项页

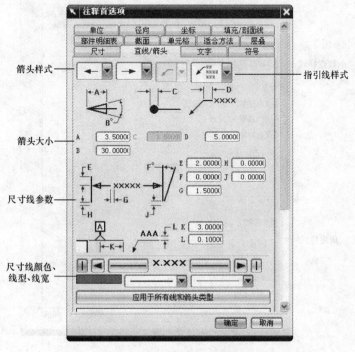

图 7-13　"注释首选项"对话框"直线/箭头"选项页

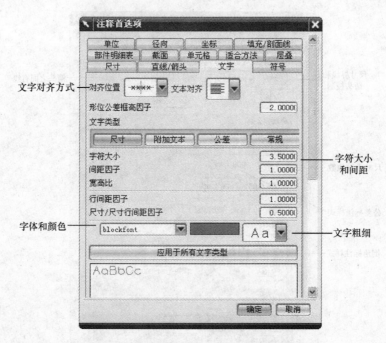

图 7 - 14 "注释首选项"对话框"文字"选项页

4. "单位"选项页

该选项页主要设置小数点样式、尾零的处理、角度标注样式等，如图 7 - 15 所示。

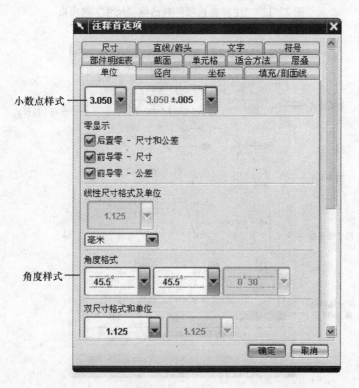

图 7 - 15 "注释首选项"对话框"单位"选项页

7.2 任务 2：组合体工程图

创建图 7-16 所示组合体的工程图，如图 7-17 所示。

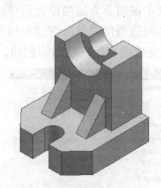

图 7-16 组合体

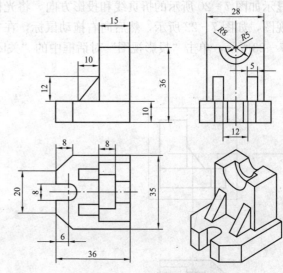

图 7-17 组合体工程图

7.2.1 创建基本视图

首先，将下载的源文件中"ch7"文件夹复制到硬盘文件夹"F:\UG_FILE"中以备练习。

运行 UG NX 6.0，打开硬盘中组合体模型文件：F:\UG_FILE\ch7\zu_he_ti.prt，如图 7-16 所示。将模型中的草图、基准平面、坐标系等全部隐藏，单击"标准"工具栏中的"开始" 按钮，在弹出的下拉菜单中选择"制图"，进入制图模块，弹出如图 7-18 所示的"工作表"对话框，在对话框中"大小"选项下选择"标准尺寸"，"大小"右侧的下拉选项中选"A4"，"刻度尺"选"1：1"，"单位"选"毫米"，"投影"选第一象限角投影 ，保证最下方"自动启动基本视图命令"前面的复选框"√"，使选项有效，单击"确定"按钮，则弹出如图 7-19 所示"基本视图"对话框，同时在绘图区显示一张空白的 A4 图纸，光标位置

图 7-18 "工作表"对话框

图 7-19 "基本视图"对话框

显示组合体的一个视图，移动光标可看到该视图跟随光标移动，系统提示指定视图放置的位置。在"基本视图"对话框中"模型视图"下方"Model View to Use"选项选为"RIGHT"，将光标移动到图纸适当位置单击，则在图纸中出现第一个视图作为主视图，如图 7-20 所示，此时对话框变为如图 7-21 所示"投影视图"，移动光标，在光标位置显示一个投影视图，并显示如图 7-20 所示的折页线和投影方向，将光标移动到主视图下方适当位置后单击创建俯视图，如图 7-22 所示，然后向右拖动鼠标，在主视图右侧适当位置单击创建左视图，如图 7-23 所示，单击"投影视图"对话框中的"关闭"按钮完成组合体三视图的创建。

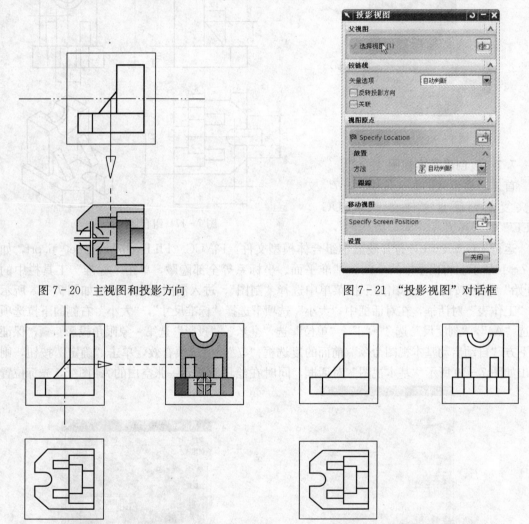

图 7-20　主视图和投影方向　　　　　　　　　　图 7-21　"投影视图"对话框

图 7-22　创建俯视图　　　　　　　　　　　　图 7-23　创建三视图

7.2.2　创建组合体轴测图

　　单击"图纸"工具栏中的"基本视图" 图标，弹出"基本视图"对话框，如图 7-24 所示，在对话框中"模型视图"下方的"Model View to Use"右侧下拉选项中选择"TFR-ISO"，则在光标位置显示轴测图，如图 7-25 所示，系统提示指定视图放置的位置，将光标移动到图纸适当位置，单击，则生成零件的轴测图，如图 7-26 所示，单击"基本视图"对话框的"关闭"按钮关闭对话框。

7.2.3 图纸标注

1. 添加中心线

单击"中心线"工具栏中的"2D 中心线" □ 图标，弹出"2D 中心线"对话框，如图 7-27 所示，系统提示选择对象以创建中心线，在左视图中按图 7-28 所示选择两条竖直线，则系统会创建一条竖直中心线，并会在中心线一侧显示一个箭头，如图 7-28 所示，用鼠标拖动该箭头，可同时调整中心线两端伸出长度。也可单独调整中心线某一端伸出长度。办法是：单击"2D 中心线"对话框中的"设置"选项，则"2D 中心线"对话框变为图 7-29 所示，单击最下方的"单独设置延伸"选项，则中心线两端各显示一个箭头，如图 7-30 所示，拖动两侧箭头可分别设置中心线两端伸出长度，调整好中心线长度后，单击对话框中的"应用"按钮，完成左视图的中心线，如图 7-31 所示。按同样的方法，选择图 7-32 所示俯视图中的两条水平线，拖动中心线两端的箭头，调整好中心线长度后，单击对话框中的"确定"按钮，完成俯视图中心线，如图 7-33所示。

图 7-24 "基本视图"对话框

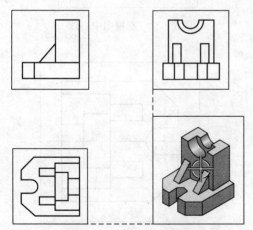

图 7-25 添加轴测图

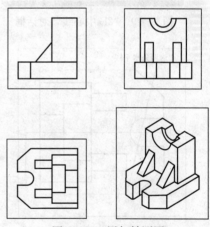

图 7-26 添加轴测图

图 7-27 "2D 中心线"对话框

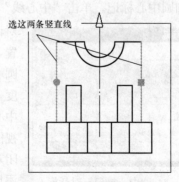

图 7-28 添加中心线操作

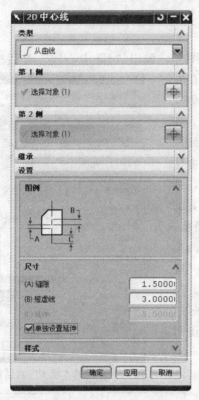

图 7-29　"2D 中心线"对话框

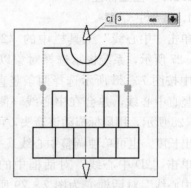

图 7-30　调整中心线伸出长度

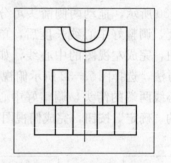

图 7-31　左视图中心线

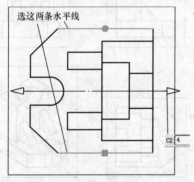

图 7-32　添加俯视图中心线

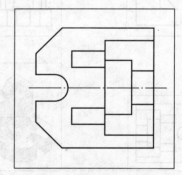

图 7-33　俯视图中心线

添加圆中心标记。单击"中心线"工具栏中的"中心标记" ⊕ 图标，弹出"中心标记"

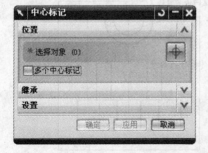

图 7-34　"中心标记"对话框

对话框，如图 7-34 所示，系统提示定义中心标记的位置，按图 7-35 所示在左视图中选择上部的半圆，则在圆心显示圆的中心线标记，拖动箭头适当调整中心线长度，单击对话框的"应用"按钮，则在左视图添加圆的中心线，如图 7-36 所示。继续按图 7-37 所示选择俯视图中的半圆，调整中心线长度后单击"确定"按钮关闭对话框，在俯视图中添加中心标记，如图 7-38 所示。添加好中心线的工程图如图 7-39 所示。

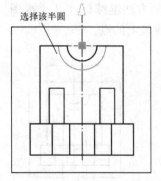

图 7-35　添加中心标记

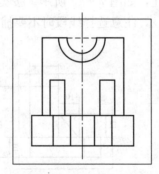

图 7-36　左视图中心标记

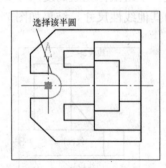

图 7-37　添加俯视图中心标记

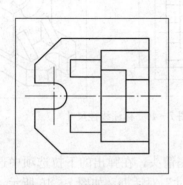

图 7-38　俯视图中心标记

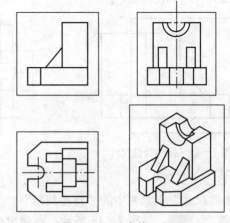

图 7-39　组合体工程图

2. 标注线性尺寸

标注尺寸前需先设置尺寸标注精度。选择菜单命令"首选项"→"注释"，或单击"制图首选项"工具栏中的"注释首选项" A 图标，弹出"注释首选项"对话框，如图 7-40 所示。在"尺寸"选项页将尺寸小数位数设为"0"，单击"确定"按钮关闭对话框。

单击"尺寸"工具栏中的"自动判断"图标，弹出"自动判断的尺寸"对话框，如图 7-41 所示，系统提示为自动判断尺寸选择第一个对象或双击进行编辑，按图 7-42 所示在主视图中线段 1 位置单击选中线段 1 后水平向右拖动鼠标，则会显示该线段长度尺寸 10，将光标移动到适当位置，单击完成尺寸 10 的标注。接着选择线段 2 和线段 3 后向右拖动鼠标，将光标移动到适当位

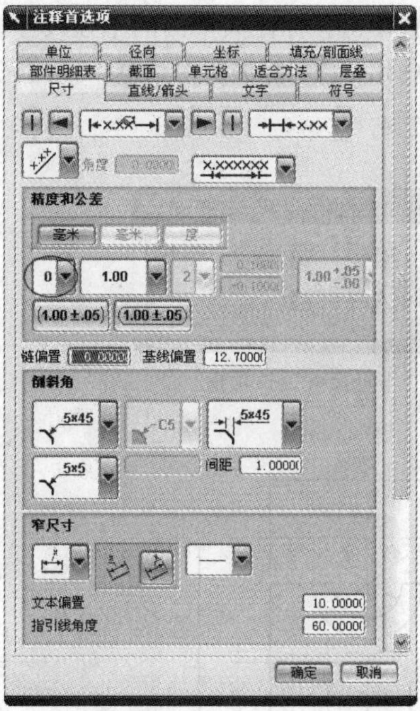

图 7-40　"注释首选项"对话框

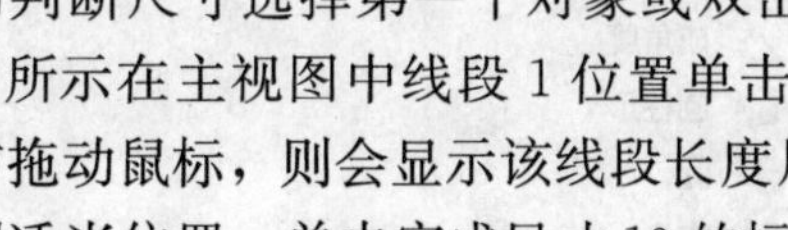

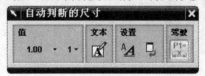

图 7-41　"自动判断的尺寸"选项框

置，单击鼠标完成高度尺寸 36 的标注，如图 7-43 所示。按类似的方法继续标注 3 个视图的其他线性尺寸，结果如图 7-44 所示。注意选择线段时不要捕捉线段上的点。

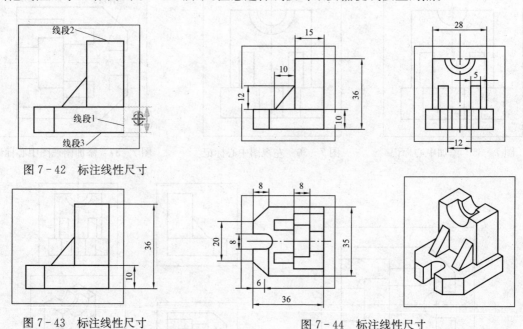

图 7-42　标注线性尺寸

图 7-43　标注线性尺寸

图 7-44　标注线性尺寸

3. 标注半径尺寸

单击"尺寸"工具栏中的"自动判断" 图标右侧箭头，在弹出的下拉选项中选择半径标注 ，如图 7-45 所示，则弹出"半径尺寸"对话框，如图 7-46 所示，系统提示为半径尺寸选择对象或双击进行编辑，在左视图中选择小半圆，移动光标在适当位置单击，标注小半圆的半径尺寸，继续选择大半圆，在适当位置单击，标注大半圆的半径尺寸，结果如图 7-47 所示。单击"半径尺寸"对话框右上角"关闭" 图标关闭对话框，至此完成了组合体尺寸标注，如图 7-48 所示。

图 7-45　标注方式

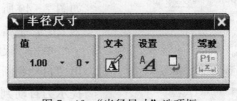

图 7-46　"半径尺寸"选项框

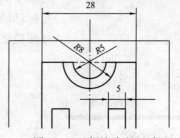

图 7-47　标注半径尺寸

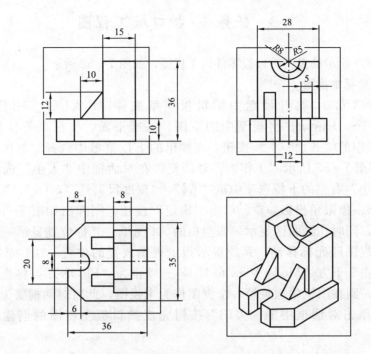

图 7-48　组合体视图及尺寸

4. 取消视图边界

选择菜单命令"首选项"→"制图",弹出"制图首选项"对话框,如图 7-49 所示,打开"视图"选项页,则对话框变为图 7-50 所示,单击"边界"下方的"显示边界"选项,取消其前的"√",单击"确定"按钮关闭对话框,则得到如图 7-17 所示组合体工程图。

图 7-49　"制图首选项"对话框   图 7-50　"制图首选项"对话框"视图"选项页

7.3 任务3：护口板工程图

创建图 7-51 所示的虎钳护口板零件的工程图，如图 7-52 所示。

7.3.1 创建基本视图

运行 UG NX 6.0，打开硬盘中护口板模型文件：F：\ UG _ FILE\ ch7 \ hukou-ban. prt，如图 7-51 所示。将模型中的草图、基准平面、坐标系等全部隐藏，单击"标准"工具栏中的"开始" 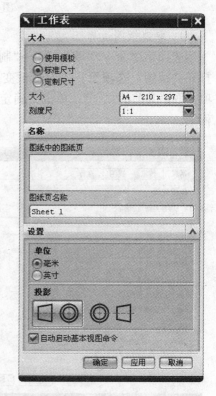 按钮，在弹出的下拉菜单中选择"制图"，进入制图模块，弹出如图 7-53 所示"工作表"对话框，在对话框中"大小"选项下选择"标准尺寸"，"大小"右侧的下拉选项中选"A4"，"刻度尺"选"1：1"，"单位"选"毫米"，投影选第一象限角投影 ▣◎，单击"确定"按钮，则弹出如图 7-54 所示"基本视图"对话框，同时在绘图区显示一张空白的 A4 图纸，光标位置显示一个视图，移动光标可看到该视图随光标移动，系统提示指定视图放置的位置。在"基本视图"对话框中"模型视图"下方"Model View to Use"选项设为"FRONT"，将光标移动到图纸适当位置单击，则在图纸中出现第一个视图作为主视图，此时对话框变为图 7-55 所示"投影视图"，单击对话框中的"关闭"按钮完成护口板主视图的创建，如图 7-56 所示。

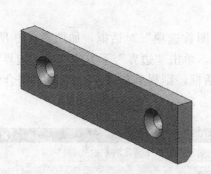

图 7-51 护口板

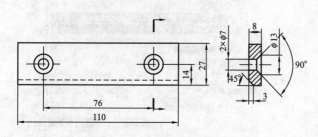

图 7-52 护口板工程图

图 7-53 "工作表"对话框

图 7-54 "基本视图"对话框

图 7-55 "投影视图"对话框

7.3.2 创建剖视图

护口板的左视图采用全剖视图表达。单击"图纸"工具栏中的"剖视图" 图标，弹出"剖视图"对话框，如图 7-57 所示，系统提示选择父视图，选择刚才创建的护口板主视图作为要剖切的父视图，"剖视图"对话框变为图 7-58 所示，在光标位置显示剖切符号，系统提示定义剖切位置，按图 7-59 所示捕捉视图中右侧同心圆圆心，则在图纸中显示一条虚线表示投影方向，系统提示指示图纸页上剖视图的中心，水平向右拖动鼠标，将虚线水平向右引出，在适当位置单击，则出现一个全剖的左视图，如图 7-59 所示，至此完成了护口板两个视图的创建。

图 7-56 护口板主视图

图 7-57 "剖视图"对话框（一）

图 7-58 "剖视图"对话框（二）

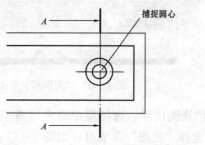

SECTION A—A

图 7-59 创建剖视图

7.3.3　图样标注

1. 制图设置

（1）显示隐藏线。将光标移动到主视图边界上，双击，弹出"视图样式"对话框，如图 7－60 所示，选择"隐藏线"选项页，对话框变为如图 7－61 所示，在隐藏线线型选项栏中选择虚线，单击"确定"关闭对话框。

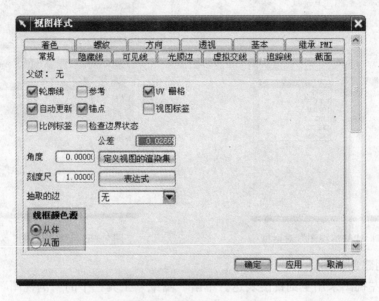

图 7－60　"视图样式"对话框

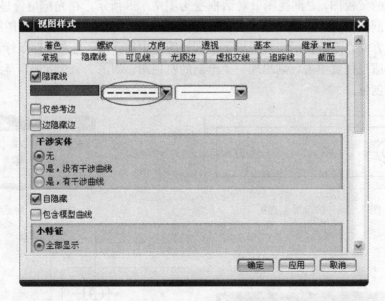

图 7－61　"视图样式"对话框"隐藏线"选项页

（2）取消视图边界。选择菜单命令"首选项"→"制图"，弹出"制图首选项"对话框，在对话框中选择"视图"选项页，如图 7－62 所示，单击"显示边界"选项取消复选框前面的"√"，单击"确定"按钮关闭对话框，则不显示每个视图的边界。

（3）设置剖切符号。护口板工程图只有一个剖视图，且剖视图按投影方向布置，可不标注剖视图标签和剖视图名称。选中主视图中的剖切符号，右击，在弹出的快捷菜单中选择"样式"，弹出"剖切线样式"对话框，如图 7-63 所示。单击"标签"下方的"显示标签"选项，取消其前的"√"；在"设置"下方的"标准"选项中选"GB 国标 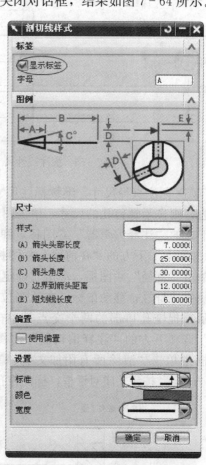"，在"宽度"选项中选"粗 ———— "，单击"确定"按钮关闭对话框，结果如图 7-64 所示。

图 7-62 "制图首选项"对话框

图 7-63 "剖切线样式"对话框

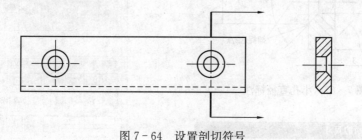

图 7-64 设置剖切符号

2. 图纸标注

（1）标注线性尺寸。按图 7-65 所示标注护口板线性尺寸。线性尺寸的标注可参考组合体线性尺寸的标注方法。

（2）标注角度尺寸。单击"尺寸"工具栏中的"自动判断" 图标，弹出"自动判断的尺寸"对话框，在剖视图中按图 7－66 所示选择圆锥孔的两条边（注意不要捕捉线的中点或端点），则显示角度尺寸，向右拖动鼠标，在适当位置单击，完成圆锥孔角度尺寸的标注，如图 7－66 所示。按同样的方法标注 45°倒棱角度。

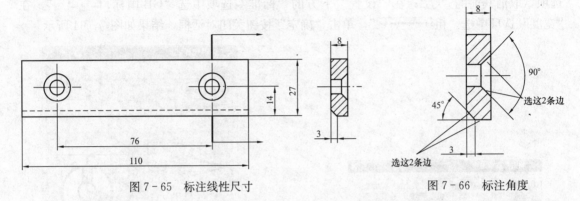

图 7－65　标注线性尺寸　　　　　　　　　　　　　图 7－66　标注角度

（3）标注直径尺寸。继续标注尺寸，按图 7－67 所示在剖视图中选择螺钉孔的两条水平边，则显示螺钉孔的尺寸，单击图 7－68 所示"自动判断的尺寸"对话框中"文本"选项下方的"注释编辑器" 🖾 图标，弹出"文本编辑器"对话框，如图 7－69 所示，单击"附加文本"下方的"在前面" 🔤 图标，并在下方输入框输入"2×"，并在"制图符号"区单击"直径" 🖉 图标，单击"确定"按钮关闭对话框，则在螺钉孔尺寸前显示"2×ϕ"直径标注符号，移动鼠标，在适当位置单击，完成螺钉孔直径的标注；继续按图 7－67所示捕捉锥孔口部的两个交点，单击图 7－68 所示"自动判断的尺寸"对话框中"文本"选项下方的"注释编辑器" 🖾 图标，在弹出的如图 7－69 所示"文本编辑器"对话框中单击"清除所有附加文本" 🖾 图标，并在"制图符号"区单击"直径" 🖉 图标，单击"确定"按钮关闭对话框，标注锥孔直径。至此完成如图 7－52 所示护口板的工程图。

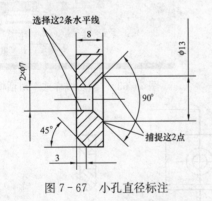

图 7－67　小孔直径标注

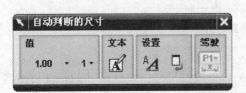

图 7－68　"自动判断的尺寸"对话框

图 7－69　"文本编辑器"对话框

7.4 实训 1：接头工程图

创建如图 7-70 所示接头的工程图，如图 7-71 所示。

7.4.1 创建基本视图

1. 抑制真实螺纹

运行 UG NX 6.0，打开硬盘中的接头模型文件：F:\UG _FILE\ch7\jietou.prt，如图 7-70 所示。在建模时，为了真实显示零件，螺纹部分采用了详细的螺纹显示方式，这种方式在绘制工程图时会真实显示螺纹牙型，不符合国家标准规定的螺纹画法。为了避免此类问题，模型中的真实螺纹需

图 7-70 接头

改为用符号表示螺纹。单击窗口左侧的部件导航器，显示如图 7-72 所示的特征树，单击最后一个特征"螺纹"前面的"√"，或选择螺纹特征右击，在弹出的快捷菜单中选择"抑制"，将真实螺纹抑制，则模型上不显示真实螺纹，如图 7-73 所示。

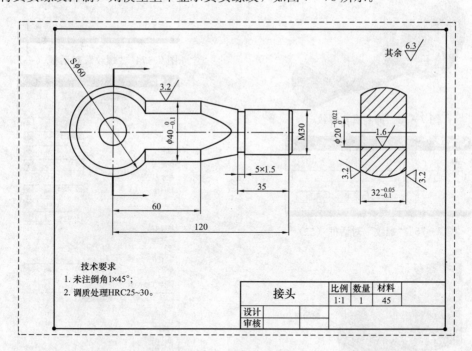

图 7-71 接头工程图

2. 创建符号螺纹

单击"特征操作"工具栏中的"螺纹" 图标，弹出"螺纹"对话框，如图 7-74 所示，系统提示选择一个圆柱进行表格查询，设置"螺纹类型"选项为"符号"，单击模型上螺纹处的圆柱面，对话框变为图 7-75 所示，系统提示选择起始面，按图 7-76 所示选择圆柱端面，对话框变为图 7-77 所示，直接单击"确定"按钮，对话框变为图 7-78 所示，单击"确定"按钮，弹出"螺纹"提示框，如图 7-79 所示，单击"确定"按钮关闭提示框，则在该圆柱段创建简化螺纹，单击"标准"工具栏中的"保存" 图标保存文件。

图 7-72　部件导航器

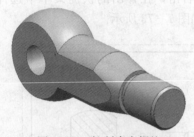

图 7-73　抑制真实螺纹

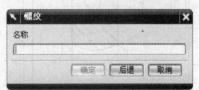

图 7-75　"螺纹"对话框（二）

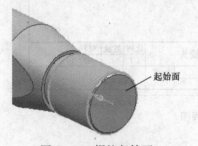

图 7-76　螺纹起始面

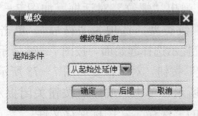

图 7-77　"螺纹"对话框（三）

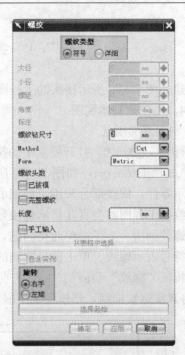

图 7-74　"螺纹"对话框（一）

图 7-78　"螺纹"对话框（四）

图 7-79　"螺纹"提示框

3. 创建基本视图

单击"开始"→"制图",进入制图模块,弹出如图 7-80 所示"工作表"对话框,在对话框中"大小"右侧的下拉选项中选"A4","刻度尺"选"1∶1","单位"选"毫米",投影选第一象限角投影,单击"确定"按钮,则弹出如图 7-81 所示"基本视图"对话框,系统提示指定视图放置的位置,在"基本视图"对话框中"模型视图"下方"Model View to Use"选项设为"FRONT",在图纸适当位置单击,则在图纸中出现第一个基本视图,同时对话框变为图 7-82 所示"投影视图",单击"关闭"按钮关闭对话框,完成接头主视图的创建,如图 7-83 所示。

7.4.2 创建剖视图

单击"图纸"工具栏中的"剖视图"  图标,弹出"剖视图"对话框,如图 7-84 所示,系统提示选择父视图,选择刚才创建的视图作为要剖的父视图,则"剖视

图 7-80 "工作表"对话框

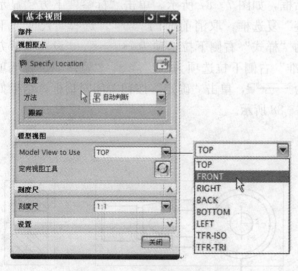

图 7-81 "基本视图"对话框

图 7-82 "投影视图"对话框

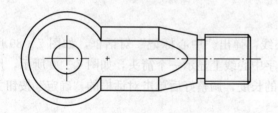

图 7-83 接头主视图

图 7-84 "剖视图"对话框（一）

图"对话框变为如图 7-85 所示,在光标位置显示剖切符号,系统提示定义剖切位置,按图 7-86 所示捕捉视图中圆心位置,则在图纸中出现一条虚线表示投影方向,系统提示指示图纸页上剖视图的中心,向右拖动鼠标,将虚线水平向右引出,在适当位置单击,则出现一个全剖的左视图,至此完成了接头两个视图的创建,单击"剖视图"对话框右上角的"关闭" ✖ 图标关闭对话框,结果如图 7-86 所示。

图 7-85　"剖视图"对话框(二)

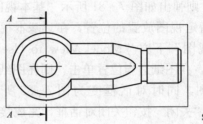
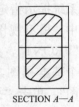

SECTION A—A

图 7-86　创建剖视图

7.4.3　图样标注

1. 调整剖切线样式

在图 7-86 所示主视图中选择剖切符号,右击,在弹出的快捷菜单中选择"样式",弹出"剖切线样式"对话框,如图 7-87 所示。单击"标签"下方"显示标签"复选框,取消前面的"√",选择"尺寸"下方的"样式"右侧下拉选项为 ◄─── ,"设置"下方"标准"右侧下拉选项为 └─ ┘ ,"宽度"下拉选项设为 ──── ,单击"确定"按钮关闭对话框,结果如图 7-88 所示。

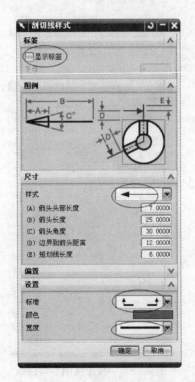

图 7-87　"剖切线样式"对话框

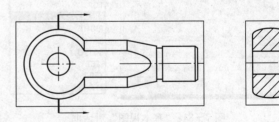

图 7-88　调整后的剖切线样式

2. 调整中心线长度

在图 7-88 所示主视图中双击十字中心线,弹出"中心标记"对话框,如图 7-89 所示,系统提示定义中心标记的位置,并在十字中心线上显示一个箭头,如图 7-90 所示,用鼠标左键拖动该箭头可动态调整十字中心线的长度,调整好后单击对话框的"确定"按钮关闭对话框。

双击图 7-90 中的水平中心线,弹出"3D 中心线"对话框,如图 7-91 所示,系统提示

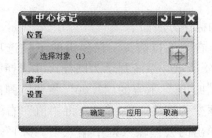

图 7-89 "中心标记"对话框

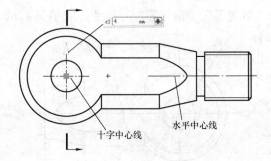

图 7-90 调整中心线长度

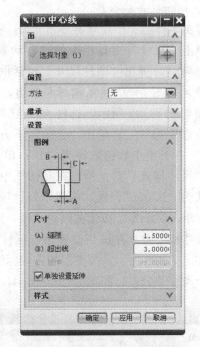

图 7-91 "3D中心线"对话框

选择面以定义中心线，并在水平中心线两端各
显示一个箭头，用鼠标左键拖动该箭头可动态
调整中心线的长度，调整好后单击对话框的
"确定"按钮关闭对话框。调整好中心线后图形
如图 7-92 所示。

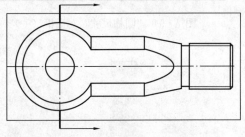

3. 取消视图边界

按前述 7.3.3 节 1 的内容取消视图边界。

图 7-92 调整中心线长度

4. 标注尺寸

参考前述尺寸标注方式标注接头的尺寸，如图 7-93 所示。

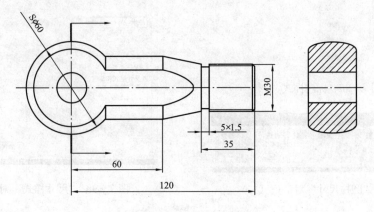

图 7-93 标注尺寸

5. 标注尺寸及公差

接头零件的 3 个尺寸有公差要求，有公差尺寸的标注方法如下。

单击"尺寸"工具栏中的"自动判断的尺寸"右侧下拉箭头，在弹出的下拉选项中选择 🔲 圆柱形，弹出"圆柱尺寸"对话框，如图 7-94 所示，系统提示为圆柱尺寸选择第一个对象，按图 7-95 所示选择两条边，单击对话框中"值"下方的"1.00"按钮，弹出下拉选项如图 7-96 所示，选择 🔲 1.00 选项，则对话框变为图 7-97 所示，将"值"右下角小数位数设为"0"；单击"公差"下方的 📟 ，在弹出的公差输入框中输入"－0.1"，将"公差"右下角小数位数设为"1"；单击对话框中"设置"下方的"尺寸样式" 🔤 图标，弹出"尺寸样式"对话框，在对话框中单击"单位"选项页，如图 7-98 所示，选择小数点样式为"3.050"，在"零显示"选项下单击"后置零"、"前导零"－尺寸，取消其前的"√"，单击"确定"按钮关闭对话框，则显示要标注的尺寸和公差，在适当位置单击鼠标放置尺寸，结果如图 7-99 所示。按类似的方法标注左视图中另两个尺寸及公差，如图 7-100 所示。

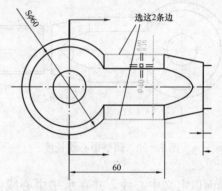

图 7-94 "圆柱尺寸"对话框（一）

图 7-95 标注样式

图 7-96 标注样式

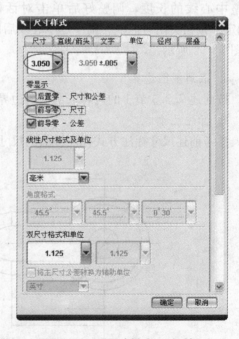

图 7-97 "圆柱尺寸"对话框（二）

图 7-98 "尺寸样式"对话框

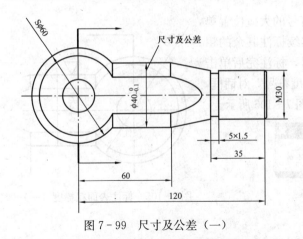

图 7-99　尺寸及公差（一）

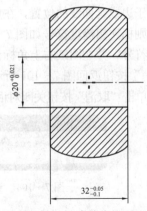

图 7-100　尺寸及公差（二）

6. 标注表面粗糙度

　　UG 软件具有符合国标的表面粗糙度标注功能，但表面粗糙度符号不是 UG 软件默认的参数，必须在启动 UG 之前作相关设定以调出表面粗糙度标注功能，设定方法如下：

　　（1）关闭 UG 软件，在 UG 安装目录下找到文件…UGS \ NX 6.0 \ UGII \ ugii _ env。

　　（2）用记事本或写字板打开文件。

　　（3）查找语句：UGII _ SURFACE _ FINISH＝OFF，将"OFF"改为"ON"。

　　（4）保存并关闭文件。

　　（5）重新启动 UG，进入制图模块，选择菜单命令"插入"→"符号"→"表面粗糙度符号"，即可打开表面粗糙度标注对话框。

　　选择菜单命令"插入"→"符号"→"表面粗糙度符号"，弹出"表面粗糙度符号"对话框，如图 7-101 所示，系统提示创建或选择要编辑的符号，在对话框上方符号类型中选择 √ 图标，在对话框中部"a_2"输入框输入"3.2"，"Ra 单位"右侧下拉选项中选"微米"，"符号文本大小"选项选"5"，单击对话框下部"在边上创建" 图标，弹出对话框如图 7-102 所示，系统提示选择边或尺寸，按图 7-103 所示选择边，弹出对话框如图 7-104 所示，系统提示选择

图 7-102　对话框（一）

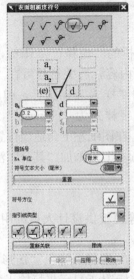

图 7-101　"表面粗糙度符号"对话框

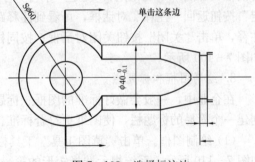

图 7-103　选择标注边

相对于边或延伸线的位置，在放置粗糙度符号的大概位置单击，则标注粗糙度符号如图 7-105 所示。继续标注其余的粗糙度符号，并在图纸右上角标注粗糙度符号，标注完后单击"取消"按钮返回图 7-101 所示"表面粗糙度符号"对话框，再次单击"取消"按钮关闭对话框，结果如图 7-106 所示。

图 7-104　对话框（二）

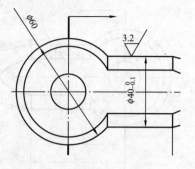

图 7-105　标注表面粗糙度（一）

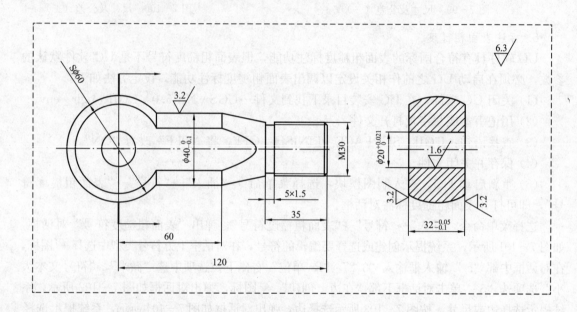

图 7-106　标注表面粗糙度（二）

7. 添加注释

选择菜单命令"插入"→"注释"，或单击"注释"工具栏的"注释" 图标，弹出"注释"对话框，如图 7-107 所示。在输入框输入技术要求的内容，有关符号可在"符号"选项下的列表中选用；单击"设置"选项下"样式"右侧的"样式" 图标，弹出"样式"对话框，如图 7-108 所示。设定"字符大小"为"6"，文字样式为"chinesef"，单击"确定"按钮返回"注释"对话框，可看到注释跟随光标移动，在图纸左下角适当位置单击放置注释，单击"关闭"按钮关闭对话框；按同样的方法在图纸右上角添加"其余"注释。结果如图 7-109 所示。

8. 绘制图框和标题栏

在企业中，一般会做好标准的图框、标题栏、明细表等模板供设计人员调用。本例中，创建一个简易的标题栏，使图纸更符合标准。

（1）绘制图框。单击"草图工具"工具栏中的"矩形" 图标，弹出"矩形"对话框，如图 7-110 所示，系统提示选择矩形的第一点，同时在光标附近显示坐标输入框，在 XC

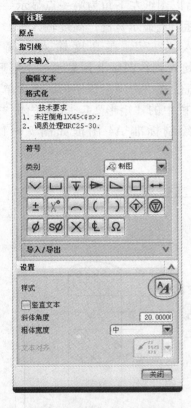

图 7 - 107 "注释"对话框

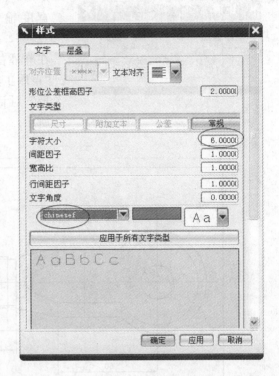

图 7 - 108 "样式"对话框

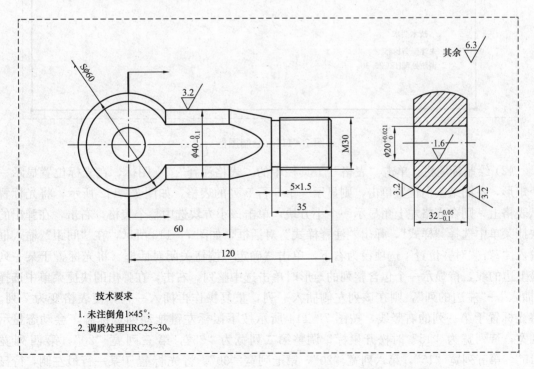

图 7 - 109 添加注释

输入框输入"25",在 YC 输入框输入"5",按 Enter 键后以图纸左下角为第一点显示一个矩形,同时在光标附近显示宽度—高度输入框,在宽度输入框输入"267",在高度输入框输入"200",按 Enter 键,则在图纸上预显示一个矩形,在屏幕右上角大概位置单击确定该矩形,再次单击"草图工具"工具栏中的"矩形" □ 图标关闭"矩形"对话框,则绘制标准 A4 图框如图 7 – 111 所示。

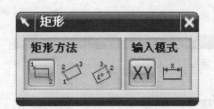

图 7 – 110 "矩形"对话框

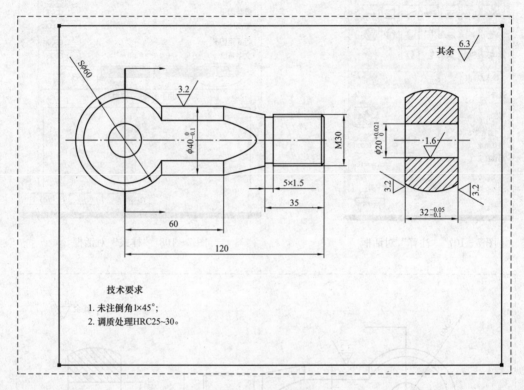

图 7 – 111 绘制图框

(2)绘制标题栏。单击"表格"工具栏中的"表格注释" 图标,在光标位置显示一个矩形,在图纸空白位置单击,则显示一个 5 行 5 列的表格,如图 7 – 112 所示,将光标置于表格上,则在表格左上角显示一个小方块,单击该小方块选中整个表格,右击,在弹出的快捷菜单中选择"样式",弹出"注释样式"对话框,如图 7 – 113 所示,在"间距"输入框输入"7","对齐位置"选项设为右下,单击"确定"按钮关闭对话框。将光标置于某一列最上边的线,待显示一个包含整列的矩形时单击选中整列,右击,在弹出的快捷菜单中选择"插入"→"左边的列",则在该列左侧插入一列,重复操作再插入一列,使表格变为 7 列。将光标置于第一列的右竖线,按图 7 – 114 所示按下鼠标左键拖动列宽标志,会动态显示列宽,待列宽为"15"时松开鼠标,调整第二列宽为"25",第三列宽"20",第四列宽"15",第五列宽"15",第六列宽"20",第七列宽"30"。将光标置于某一行最左侧,待显示一个包含整行的矩形时单击鼠标选中整行，右击，在弹出的快捷菜单中选择"删除"，使表格成为 4 行 7 列。按图 7 - 115 所示选中单元格，右击，在弹出的快捷菜单中选择"合并单元格"，继续合并其他单元格，结果如图 7 - 116 所示。

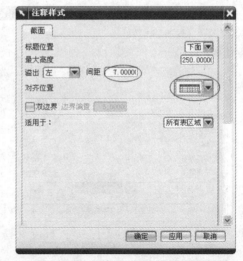

图 7 - 113   "注释样式"对话框（一）

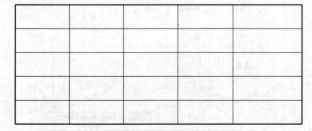

图 7 - 112   表格注释

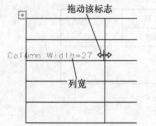

图 7 - 114   拖动列宽

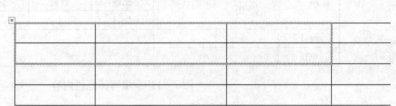

图 7 - 115   合并单元格（一）

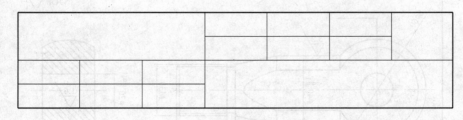

图 7 - 116   合并单元格（二）

（3）填写标题栏。单击标题栏左上角的控标选中整个表格，右击，在弹出的快捷菜单中选择"单元格样式"，弹出"注释样式"对话框，如图 7 - 117 所示，设置"字符大小"为"4"，字符样式为"chinesef"，打开"单元格"选项页，对话框变为图 7 - 118 所示，在"文本对齐"选项中选择"中心"选项 回，在"边界"选项下方设置标题栏周边为粗线，单击"确定"按钮关闭对话框。

双击某一单元格，出现文本输入框，按图 7 - 119 所示填写标题栏内容，填写完后按 Enter 键完成填写。用鼠标左键按住标题栏左上角的控标后移动鼠标，则标题栏以右下角为参考点移动，将标题栏移动到图纸右下角，结果如图 7 - 120 所示。至此完成了接头工程图的创建。

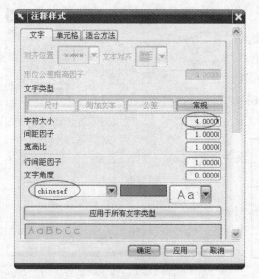

图 7-117 "注释样式"对话框(二)

图 7-118 "注释样式"对话框(三)

接头			比例	数量	材料
			1:1	1	45
设计					
审核					

图 7-119 填写标题栏内容

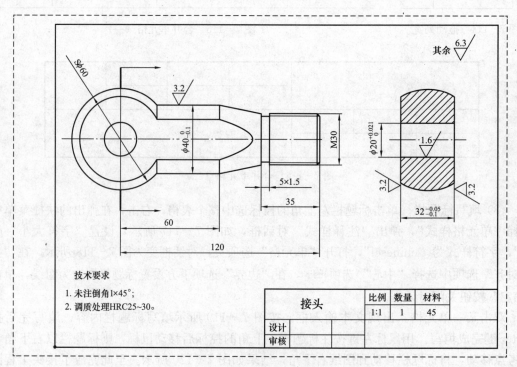

图 7-120 接头工程图

7.5　实训 2：活动钳口工程图

创建如图 7-121 所示虎钳活动钳口的工程图，如图 7-122 所示。

运行 UG NX 6.0，打开硬盘中活动钳口模型文件：F：\ UG_FILE\ch7\huodongqiankou.prt，如图 7-121 所示。按前述 7.4.1 的方法将两个螺钉孔改为简化螺纹表示，保存文件。

图 7-121　活动钳口

7.5.1　创建视图

1. 创建基本视图

选择"开始"→"制图"进入制图模块，弹出"工作表"对话框，设置"大小"选项为"A3"，"刻度尺""1∶1"，"投影"选项为第一象限角投影，单击"确定"按钮，弹出"基本视图"对话框，将"模型视图"选项下方的"Model View to Use"选项设为"TOP"，单击将俯视图放置在适当位置，对话框变为"投影视图"，单击"关闭"按钮关闭对话框，活动钳口俯视图如图 7-123 所示。

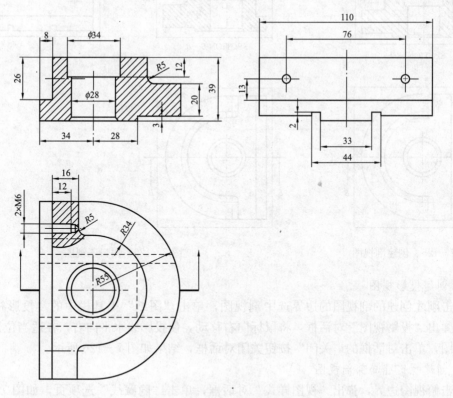

图 7-122　活动钳口零件图

2. 创建剖视图

单击"图纸"工具栏中的"剖视图"　图标，弹出"剖视图"对话框，系统提示选择父视图，选择刚才创建的俯视图，则对话框变为图 7-124 所示，系统提示定义剖切位置，同时在光标位置显示一条剖切线，捕捉视图中圆心，将鼠标向上移动，使投影线垂直向上，在适当位置单击，创建全剖的主视图，如图 7-125 所示，单击对话框右上角的"关闭" ✕ 图标退出剖视图命令。

图 7-123　活动钳口俯视图

图 7-124　"剖视图"对话框

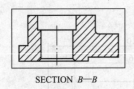

SECTION *B—B*

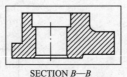

SECTION *B—B*

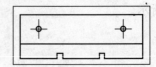

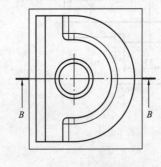

图 7-125　创建剖视图

图 7-126　钳口三视图

3. 创建投影视图

单击刚才创建的剖视图的边界选中剖视图，单击"图纸"工具栏中的"投影视图" 图标，弹出"投影视图"对话框，将鼠标向右移动，使投影线水平向右，在适当位置单击创建左视图，单击对话框的"关闭"按钮关闭对话框，结果如图 7-126 所示。

4. 创建螺钉孔局部剖视图

双击俯视图边界，弹出"视图样式"对话框，单击"隐藏线"选项页，如图 7-127 所示，将隐藏线线型由"不可见"改为虚线，单击"应用"按钮；单击"光顺边"标签，对话框变为图 7-128 所示，单击"光顺边"选项，取消其前的"√"，单击"确定"按钮关闭对话框，结果如图 7-129 所示。

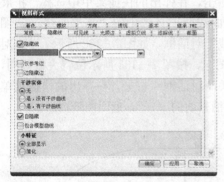

图 7 - 127　"视图样式"对话框（一）

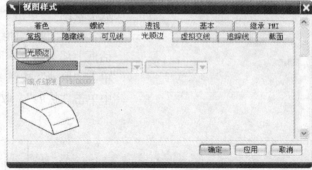

图 7 - 128　"视图样式"对话框（二）

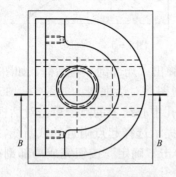

图 7 - 129　俯视图隐藏线

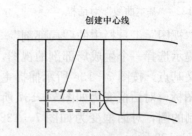

图 7 - 130　创建中心线（一）

　　单击"中心线"工具栏中的"2D 中心线" ⊕ 图标，弹出"2D 中心线"对话框，按前述创建中心线的方法创建两个螺钉孔的中心线，如图 7 - 130 所示。按类似的方法先显示主视图的隐藏线，创建螺钉孔的中心线后关闭主视图隐藏线；创建左视图中心线，结果如图 7 - 131所示。

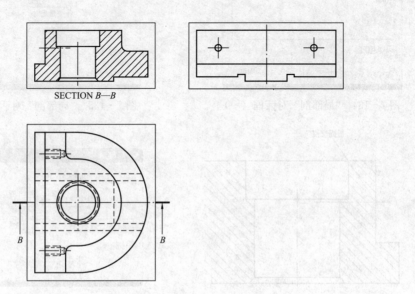

图 7 - 131　创建中心线（二）

图 7-132 "基本曲线"对话框

选中俯视图，右击，在弹出的快捷菜单中选择"扩展成员视图"，单击"曲线"工具栏中的"基本曲线" 图标，弹出"基本曲线"对话框，如图 7-132 所示。单击对话框上部"圆" 图标，按图 7-133 所示位置大概画圆，单击"取消"按钮关闭对话框。右击，在弹出的快捷菜单中单击"扩展"，取消其前的"√"，返回图纸页面。

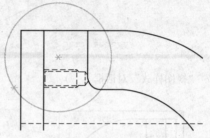

图 7-133 画圆

单击"视图"工具栏中的"局部剖" 图标，弹出"局部剖"对话框，如图 7-134 所示，系统提示选择一个生成局部剖的视图，选择俯视图，对话框变为如图 7-135 所示，系统提示定义基点，按图 7-136 所示捕捉主视图螺钉孔中心线上的点，单击对话框中"选择曲线" 图标，对话框变为如图 7-137 所示，系统提示选择起点附近的截断线，在俯视图中选择绘制的圆，对话框变为如图 7-138 所示，单击"确定"按钮完成局部剖视图创建，结果如图 7-139 所示。

图 7-134 "局部剖"对话框（一）

图 7-135 "局部剖"对话框（二）

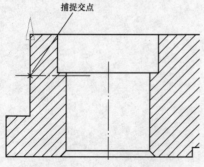

图 7-136 定义局部剖基点

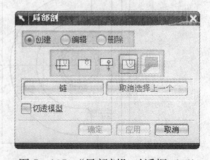

图 7-137 "局部剖"对话框（三）

图7-138　"局部剖"对话框（四）

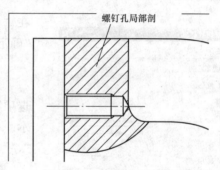

图7-139　螺钉孔局部剖

7.5.2　视图编辑

1. 编辑俯视图

俯视图中有个别的隐藏线不希望显示，需对俯视图进行编辑。单击俯视图边界选中俯视图，再右击，在弹出的快捷菜单中选择"视图相关编辑"，弹出"视图相关编辑"对话框，如图7-140所示。单击"添加编辑"下的"擦除对象"⊡图标，弹出"类选择"对话框，系统提示选择要擦除的对象，按图7-141所示单击拉出矩形框，选中要擦除的孔虚线，单击"类选择"对话框的"确定"按钮，返回"视图相关编辑"对话框，选中的孔虚线被擦除。再次单击"擦除对象"⊡图标，选中俯视图中心处的虚线圆，单击对话框的"确定"按钮，返回"视图相关编辑"对话框，单击"取消"按钮关闭对话框，修改后的俯视图如图7-142所示。

图7-140　"视图相关编辑"对话框

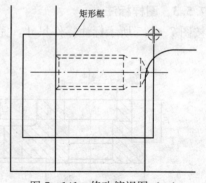

图7-141　修改俯视图（一）

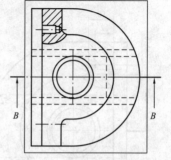

图7-142　修改俯视图（二）

2. 调整剖切符号

选中俯视图中的剖切符号，右击，在弹出的快捷菜单中选择"样式"，弹出"剖切线样式"对话框，如图7-143所示。单击"标签"选项下方的"显示标签"，取消其前的"√"，

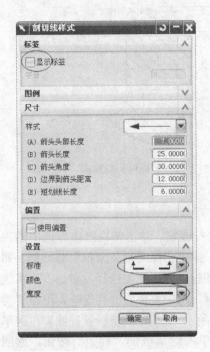

图 7-143 "剖切线样式"对话框

在"设置"下方按图设置剖切线样式和线宽，单击"确定"按钮关闭对话框。

3. 关闭视图边界

选择菜单命令"首选项"→"制图"，弹出"制图首选项"对话框，单击"视图"标签，如图 7-144 所示。单击"边界"下方的"显示边界"，取消其前的"√"，单击"确定"按钮关闭对话框。

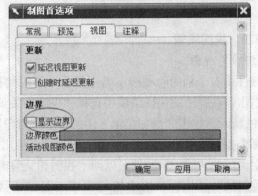

图 7-144 "制图首选项"对话框

7.5.3 图样标注

按图 7-145 所示标注零件尺寸，完成活动钳口的工程图。

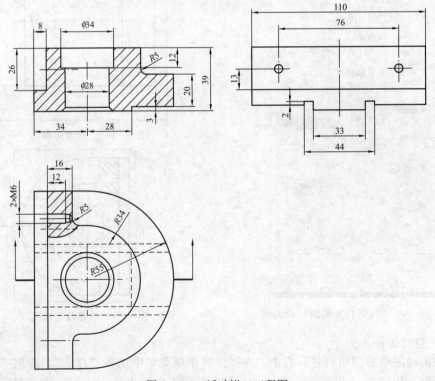

图 7-145 活动钳口工程图

7.6 实训 3: 虎钳装配图

创建如图 7-146 所示虎钳的装配图。

7.6.1 创建视图

创建零件图的视图和剖视图的方法均可用于创建装配图的视图和剖视图,但在装配图中需要设置剖面线的显示方式和组件是否剖切。

本实训通过虎钳装配体介绍装配图的创建方法,具体操作步骤如下:

1. 打开部件文件

启动 UG NX 6.0 软件,单击"打开"图标,打开硬盘中虎钳装配体模型文件:F:\UG_FILE\ch6\huqian_assembly.prt,如图 7-146 所示。单击"实用工具"工具栏中的"显示 WCS"图标,关闭模型中坐标系的显示。

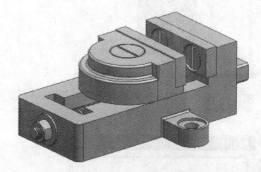

图 7-146 虎钳装配体

2. 创建基本视图

单击"标准"工具栏中的"开始"→"制图",进入制图模块,在弹出的"工作表"对话框中选择"大小"设置图幅为"A3","刻度尺"选"1:1","单位"选"毫米","投影"选第一象限角投影,单击"确定"按钮,则弹出如图 7-147 所示"基本视图"对话框,同时系统提示指定视图放置的位置,在"基本视图"对话框中"模型视图"下方"Model View to Use"选项设为"TOP",单击"视图定向工具"右侧的图标,弹出"定向视图工具"对话框,如图 7-148 所示,并显示"定向视图"窗口,如图 7-149 所示,绘图区显示一个视图和一个平面坐标系,如图 7-150 所示,同时系统提示选择对象以自动判断矢量,先在"视图定向工具"对话框中选择"X 向"下方的"指定矢量"选项,在绘图区选择代表 Y 轴的竖直箭头,则右侧的"定向视图"窗口变为如图 7-151 所示,单击"定向视图工具"对话框中的"确定"按钮,回到"基本视图"对话框,在图纸适当位置单击,则在图纸中出现虎钳的俯视图,同时对话框变为"投影视图",单击"关闭"按钮完成虎钳俯视图的创建,如图 7-152 所示。

图 7-147 "基本视图"对话框

图 7-148 "定向视图工具"对话框

图 7-149 "定向视图"窗口（一）

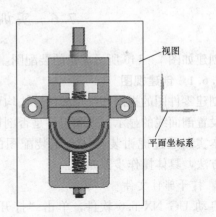

图 7-150 绘图区的视图和平面坐标系

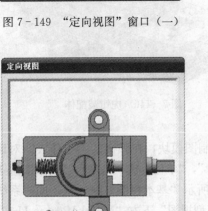

图 7-151 "定向视图"窗口（二）

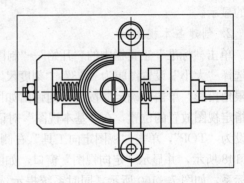

图 7-152 虎钳俯视图

3. 创建剖视图

为表达各个部件之间的装配关系，主视图采用全剖的表达方法。

单击"图纸"工具栏中的"剖视图"图标，弹出"剖视图"对话框，系统提示选择父视图，选择刚才创建的俯视图作为要剖切的父视图，则在光标位置显示剖切符号，系统提示定义剖切位置，捕捉俯视图中螺杆轴线上一点，则在图纸中显示一条虚线表示投影方向，同时系统提示指示图纸页上剖视图的中心，向上拖动鼠标，将虚线垂直向上引出，在适当位置单击，则出现一个全剖的视图，如图 7-153 所示，至此完成了虎钳两个视图的创建。

4. 创建局部剖视图

为了表达两块护口板和钳座、活动钳口的装配关系，在俯视图中采用局部剖视的方法剖切螺钉部位，具体操作步骤如下。

（1）显示隐藏线。双击俯视图的边界，弹出"视图样式"对话框，如图 7-154 所示。在对话框中选择"隐藏线"选项页，对话框变为图 7-155 所示，在对话框中"隐藏线"下方"线型"下拉选项中选择虚线，单击"确定"按钮关闭对话框，则俯视图中的隐藏线以虚线显示。利用同样的方法将主视图中的隐藏线以虚线显示，结果如图 7-156 所示。

SECTION *A—A*

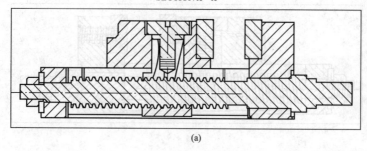

(a)

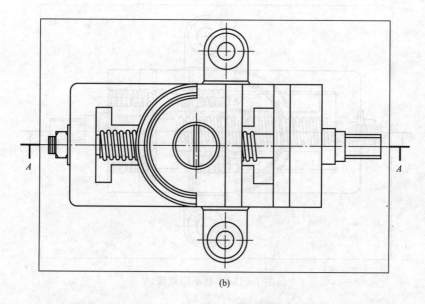

(b)

图 7 - 153 虎钳的主视图和俯视图

（a）主视图；（b）俯视图

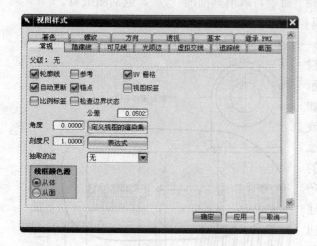

图 7 - 154 "视图样式"对话框（一）

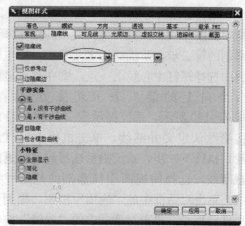

图 7 - 155 "视图样式"对话框（二）

SECTION *A—A*

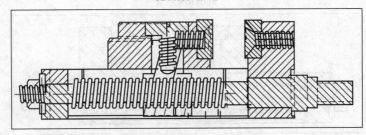

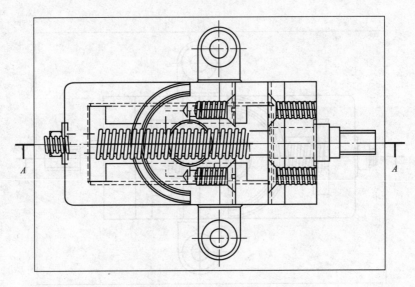

图 7 - 156　显示隐藏线

　　（2）绘制局部剖视范围。选中俯视图，右击，从弹出的快捷菜单中选择"扩展成员视图"命令，然后在俯视图中右上角螺钉位置画一条封闭的样条线，如图 7 - 157 所示，绘制好后右击，在弹出的快捷菜单中单击"扩展"命令，取消其前的"√"，返回图纸页。

　　（3）创建局部剖视。单击"图纸"工具栏中的"局部剖" 图标，弹出"局部剖"对话框，如图 7 - 158 所示，同时系统提示选择一个生成局部剖的视图，选择俯视图，则进行局部剖的第二步，系统提示定义基点，在主视图中选择螺钉中心线上一点，则在该点显示一个向上的箭头表示切除方向，如图 7 - 159 所示，系统提示定义拉伸矢量或接受默认定义并继续，单击鼠标中键（滚轮）执行下一步，系统提示选择起点附近的截断线，选择俯视图中局部剖的范围样条线，单击对话框中的"应用"按钮，则创建局部剖视图，单击对话框中的"取消"按钮关闭对话框，得到的局部剖视如图 7 - 160 所示。

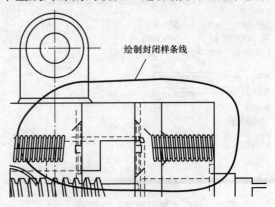

绘制封闭样条线

图 7 - 157　绘制局部剖范围

图 7-158 "局部剖"对话框

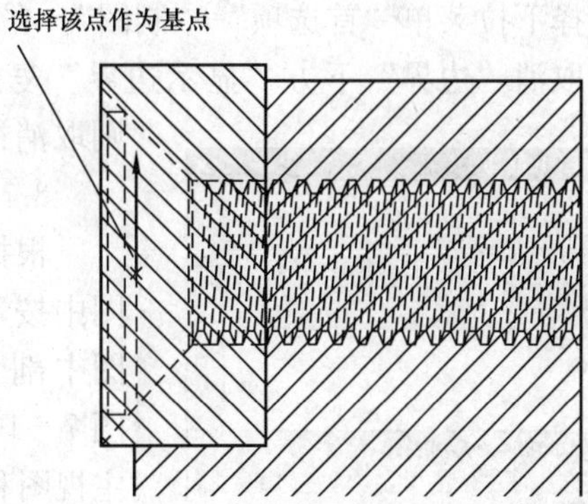

图 7-159 选择基点

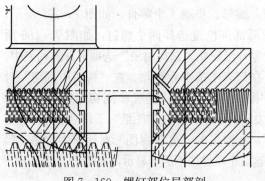

图 7-160 螺钉部位局部剖

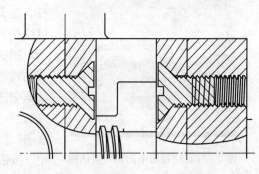

图 7-161 螺钉部位局部剖

将主视图和俯视图中的隐藏线都改为不可见,结果如图 7-161 所示。

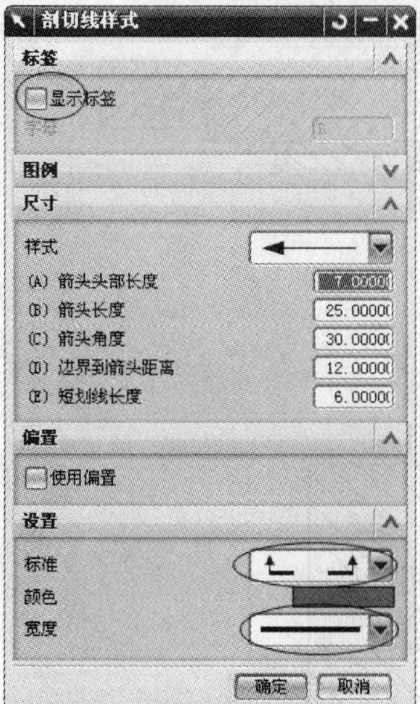

7.6.2 调整视图显示

1. 调整剖切符号

在俯视图中选中剖切符号,右击,在弹出的快捷菜单中选择"样式",弹出"剖切线样式"对话框,如图 7-162 所示,单击"标签"下方"显示标签"复选框,取消前面的"√",选择"尺寸"下方的"样式"右侧下拉选项为 [←⎯ ▼],"设置"下方"标准"右侧下拉选项为 [⎿⎯⏌ ▼],单击"确定"按钮关闭对话框,结果如图 7-163 所示。

图 7-162 "剖切线样式"对话框

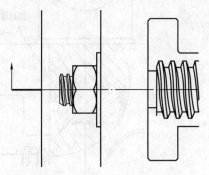

图 7-163 调整后的剖切线样式

2. 取消视图边界

选择下拉菜单"首选项"→"制图"，在弹出的"制图首选项"对话框中选择"视图"选项页，取消"边界"下方"显示边界"复选框前的"√"，单击"确定"按钮关闭对话框，则取消视图边界的显示。

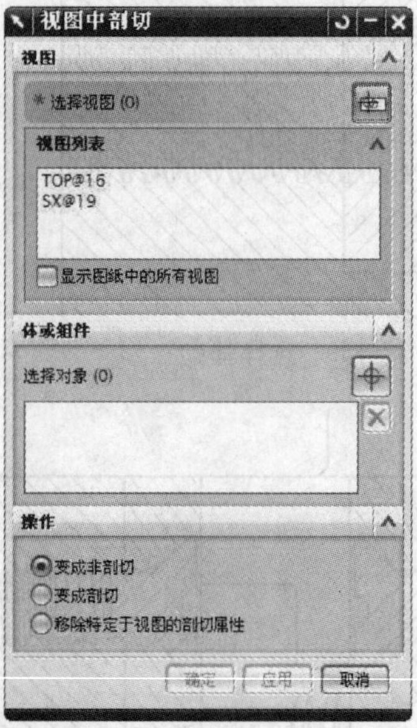

3. 设置不剖切组件

根据国家标准规定，实心轴和螺钉等标准件在装配图中按不剖切绘制。单击"制图编辑"工具栏中的"视图中剖切" 图标，弹出"视图中剖切"对话框，如图 7 - 164 所示，同时系统提示选择视图，在绘图区选择主视图和俯视图，在"视图中剖切"对话框中单击"选择对象"选项，系统提示选择体或组件，在主视图中选择螺杆、盘头螺钉、螺母、垫圈 4 个零件，如图 7 - 165 所示，继续在俯视图局部剖位置选择两个螺钉，如图 7 - 166 所示，则这 5 个零件出现在"选择对象"选项下方的列表中，若选错零件可在列表中选中后删除。在"视图中剖切"对话框中选择"操作"下方的"变成非剖切"选项，单击"确定"按钮关闭对话框，单击"图纸"工具栏中的"更新视图" 图标，在弹出的"更新视图"对话框中单击"确定"按钮，则这 5 个零件按不剖切显示，如图 7 - 167 所示。

图 7 - 164　"视图中剖切"对话框

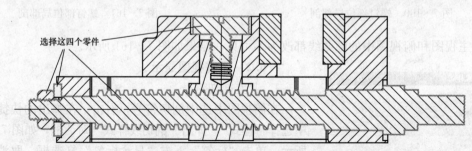

图 7 - 165　选择主视图中的 4 个零件

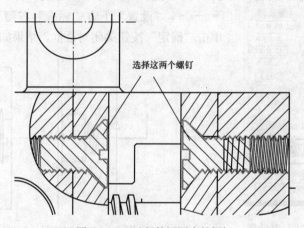

图 7 - 166　选择俯视图中的螺钉

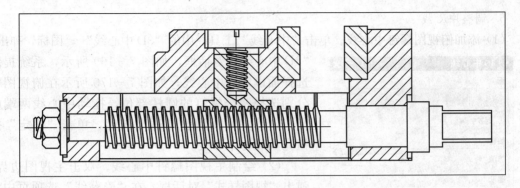

图 7 - 167　设置不剖切零件

4. 调整螺纹显示方式

根据国家标准，普通螺纹在图样中按规定的简化画法表示。在三维模型中创建的真实螺纹在工程图中的显示不符合国家标准，在出工程图前应将螺纹特征改为简化方式。单击资源栏中的装配导航器，显示装配树，在装配树中选中螺杆零件，右击，在弹出的快捷菜单中选择"设为显示部件"，则在绘图区显示该零件模型，进入建模模块，单击资源栏中的部件导航器，显示零件特征树，在特征树中选中要简化显示的螺纹特征（该零件左端普通螺纹部分简化显示，梯形螺纹部分显示真实螺纹），右击，在弹出的快捷菜单中选择"抑制"，则该螺纹特征被抑制。在该位置按符号螺纹方式创建简化螺纹特征。保存后关闭螺杆零件。按同样的方法修改活动钳口、盘头螺钉、方块螺母、螺钉、钳座等零件上的普通螺纹特征。

重新打开虎钳装配体，进入制图模块，单击"图纸"工具栏中的"更新视图" 图标，在弹出的"更新视图"对话框中单击"确定"按钮，则视图重新显示，结果如图 7 - 168 所示。

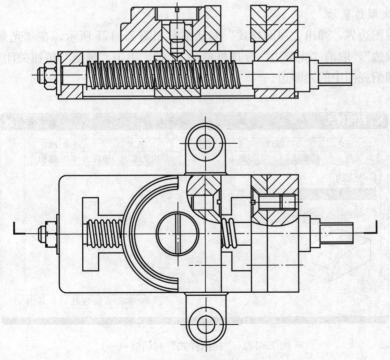

图 7 - 168　修改螺纹显示方式

5. 调整中心线

(1) 添加俯视图螺钉中心线。单击"中心线"工具栏中的"3D中心线" 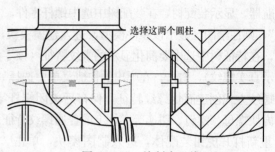 图标，弹出

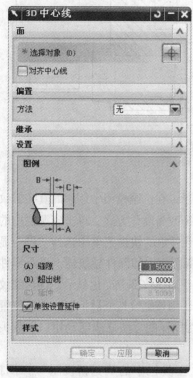

"3D中心线"对话框，如图7-169所示，系统提示选择面以定义中心线，如图7-170所示在俯视图中分别选择两个螺钉的圆柱部位，拖动中心线两端的箭头，将中心线调整到适当长度，单击"确定"按钮完成螺钉中心线。

(2) 绘制主视图螺钉中心线。双击主视图边界，弹出"视图样式"对话框，在"隐藏线"选项页中将主视图隐藏线以虚线显示，按上述方法绘制主视图螺钉的中心线。绘制好后将主视图隐藏线设置为不可见。

(3) 绘制主视图螺杆右侧中心线。按上述方法绘制主视图螺杆右侧中心线。

图7-169 "3D中心线"对话框   图7-170 绘制中心线

6. 取消光顺边显示

双击主视图边界，弹出"视图样式"对话框，如图7-171所示，在"光顺边"选项页中单击"光顺边"，取消"光顺边"复选框前的"√"，单击"确定"按钮关闭对话框。用同样的方法处理俯视图中的光顺边。

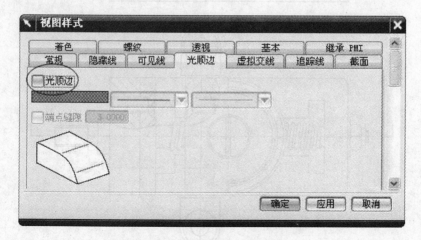

图7-171 "视图样式"对话框（一）

7. 调整线宽

双击主视图边界，弹出"视图样式"对话框，在"可见边"选项页中线宽下拉选项中选择"粗"，如图 7－172 所示，单击"确定"按钮关闭对话框。用同样的方法调整俯视图中的线宽。

图 7－172 "视图样式"对话框（二）

7.6.3 图样标注

在装配图中需要标注装配体的外形尺寸、配合尺寸等，尺寸标注方法和零件图尺寸标注基本相同，具体操作如下。

1. 标注外形尺寸

标注装配体的外形长、宽、高尺寸，如图 7－173 所示。

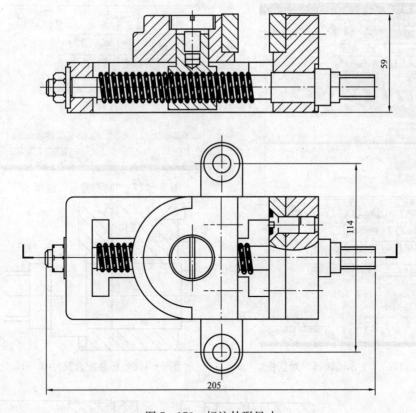

图 7－173 标注外形尺寸

2. 标注配合尺寸

虎钳装配图中，螺杆和钳座孔、方块螺母和活动钳口之间有装配要求，需要标注配合尺寸。单击"尺寸"工具栏中的"圆柱形" 图标，弹出"圆柱尺寸"对话框，如图 7－174 所示。系统提示为圆柱尺寸选择第一个对象或双击进行编辑，在主视图中选择图 7－175 所示的两条边，则显示一个直径尺寸，单击图 7－174 所示"圆柱尺寸"对话框中"文本"下方的"注释编辑器" 图标，弹出如图 7－176 所示的"文本编辑器"对话框，在对话框中单击"附加文本"下方的"在后面" 图标，在对话框下部的"制图符号"选项的文本框中分别输入"H8"和"e7"，如图 7－177 所示，然后单击文本框右侧的"2/3 字高分数"

图标，单击"确定"按钮关闭对话框，随后将光标移动到合适位置，单击完成尺寸标注，标注的配合尺寸如图 7－178 所示。按同样的方法标注另外两处配合尺寸，结果如图 7－179 所示。

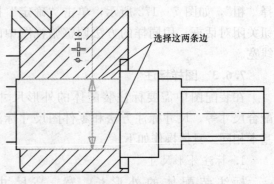

图 7－175　标注尺寸

图 7－174　"圆柱尺寸"对话框

图 7－176　"文本编辑器"对话框

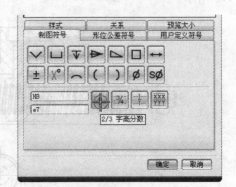

图 7－177　"制图符号"选项卡

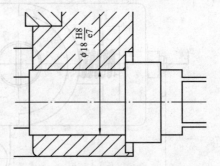

图 7－178　标注配合尺寸（一）

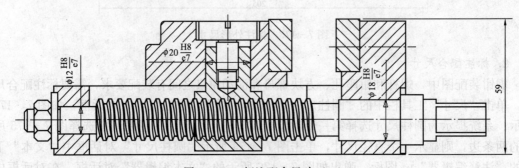

图 7－179　标注配合尺寸（二）

7.6.4 创建零部件明细表

在装配图中，用零部件明细表说明该装配体中包含多少零件，每个零件的名称、材料以及数量等信息。创建零部件明细表的操作步骤如下。

1. 插入明细表

选择菜单命令"插入"→"零件明细表"，或单击"表格"工具栏中的"零件明细表" 图标，移动光标可看到一个矩形跟随光标移动，同时系统提示指明新的零件明细表的位置，在图纸适当位置单击鼠标左键放置明细表，如图 7-180 所示。

零件明细表中第一列为零件序号，第二列为零件名称，第三列为零件数量。每列的宽度可通过鼠标来控制。做法是：将光标置于该列右侧的竖线，待出现如图 7-181 所示的拖动标志的时候，按下鼠标左键并左右拖动鼠标可动态调整列的宽度。

9	GEOMETRY_HUODO NGOIANKOU	1
8	GEOMETRY_LUOMU	1
7	GEOMETRY_DIANPIAN	1
6	GEOMETRY_LUOGAN	1
5	GEOMETRY_PANTOULUODING	1
4	GEOMETRY_FANGKUAILUOMU	1
3	GEOMETRY_LUODING	4
2	GEOMETRY_HUKOUBAN	2
1	GEOMETRY_QIANZUO	1
PC NO	PART NAME	QTY

图 7-180　零件明细表

拖动标志

9	GEOMETRY_HUODONG QIANKOU	1
8	GEOMETRY_LUOMU	1
7	GEOMETRY_DIANPIAN	1
6	GEOMETRY_LUOGAN	1
5	GEOMETRY_PANTOULUODING	1
4	GEOMETRY_FANGKUAILUOMU	1
3	GEOMETRY_LUODING	4
2	GEOMETRY_HUKOUBAN	2
1	GEOMETRY_QIANZUO	1
PC NO	PART NAME	QTY

图 7-181　调整列宽

2. 编辑明细表内容

将光标置于明细表上时，会在明细表左上角显示一选择标志，单击该标志可选中整个明细表，明细表变为红色显示。选中整个明细表后右击，在弹出的快捷菜单中选择"单元格样式"命令，弹出"注释样式"对话框，如图 7-182 所示。在"文字"选项页设置"字符大小"为"4"，设置字体为"chinesef"，单击"确定"按钮关闭对话框。

双击明细表左下角的"PC NO"单元格，在弹出的对话框中将"PC NO"修改为"序号"，按 Enter 键后单元格的内容改为"序号"。按同样的方法将明细表的内容进行如图 7-183所示的编辑。

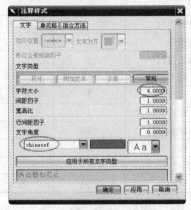

图 7-182　"注释样式"对话框（一）

9	钳座	1
8	活动钳口	1
7	螺母	1
6	垫片	1
5	螺杆	1
4	盘头螺钉	1
3	方块螺母	1
2	螺钉	4
1	护口板	2
序号	名称	数量

图 7-183　编辑明细表内容

3. 在明细表右侧插入列

单击明细表最右侧的单元格，然后右击，在弹出的快捷菜单中选择"选择"→"列"命令，则第三列被选中，再次单击鼠标右键，在弹出的快捷菜单中选择"插入"→"右边的列"命令，则在最右侧增加一列。双击该列最下方的空白单元格，在弹出的文本框中输入"备注"后按 Enter 键，得到的明细表如图 7-184 所示。

重新选择整个明细表后，右击，在弹出的快捷菜单中选择"单元格样式"命令，在弹出的"注释样式"对话框中设置字体为"chinesef"，关闭对话框，则明细表内容如图 7-185 所示。

9	盘头螺钉	1	
8	钳座	1	
7	活动钳口	1	
6	螺母	1	
5	垫片	1	
4	螺杆		
3	方块螺母	1	
2	螺钉	4	
1	护口板	2	
序号	名称	数量	

图 7-184 在右侧插入列

9	盘头螺钉	1	
8	钳座	1	
7	活动钳口	1	
6	螺母	1	
5	垫片	1	
4	螺杆		
3	方块螺母	1	
2	螺钉	4	
1	护口板	2	
序号	名称	数量	备注

图 7-185 调整字体

4. 设置单元格样式

选中整个明细表，右击，在弹出的快捷菜单中选择"单元格样式"命令，在弹出的"注释样式"对话框中选择"单元格"选项页，如图 7-186 所示。在"文本对齐"右侧下拉列表框中选择"中心"图标，单击"应用"；在"边界"选择组单击"中间"图标，在其下方线宽列表框中选择"细"选项，单击"应用"；在"边界"选择组单击"中心"图标，在其下方线宽列表框中选择"细"选项，最后单击"确定"按钮关闭对话框，得到的明细表如图 7-187 所示。

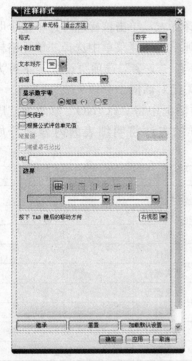

图 7-186 "注释样式"对话框（二）

9	盘头螺钉	1	
8	钳座	1	
7	活动钳口	1	
6	螺母	1	
5	垫片	1	
4	螺杆		
3	方块螺母	1	
2	螺钉	4	
1	护口板	2	
序号	名称	数量	备注

图 7-187 编辑明细表样式

5. 移动明细表

单击"草图工具"工具栏中的"矩形"□图标，在弹出的坐标输入框中输入"XC"坐标"10"，"YC"坐标"10"；输入矩形另一角"XC"坐标"410"，"YC"坐标"287"，绘制一个A3幅面的图框。按前述7.4.3第8步所述的方法和尺寸绘制零件标题栏。选择明细表左上角的控标后拖动鼠标，将明细表移动到图纸标题栏上方和标题栏对齐，调整明细表的列宽，结果如图7-188所示。至此完成了零件明细表的创建。

9	盘头螺钉	1	
8	钳座	1	
7	活动钳口	1	
6	螺母	1	
5	垫片	1	
4	螺杆	1	
3	方块螺母	1	
2	螺钉	4	
1	护口板	2	
序号	名称	数量	备注

虎钳装配图	比例	数量	材料	HO-O
	1:1			

设计	××	2009.3	×××
审核			

图7-188 移动明细表

7.6.5 标注零部件序号

零部件序号与零件明细表结合标明装配图中各个零件的位置。标注零部件序号的操作步骤如下。

1. 自动标注零部件序号

选中零件明细表，右击，在弹出的快捷菜单中选择"自动符号标注"命令，弹出"零件明细表自动符号标注"对话框，如图7-189所示，同时系统提示选择自动符号标注的视图，选择主视图，单击对话框的"确定"按钮，则在主视图上自动标注零件序号，如图7-190所示。

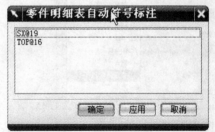

图7-189 "零件明细表自动符号标注"对话框

2. 调整零件序号样式和位置

自动标注的零件序号顺序和位置比较乱，不符合国家标准的要求，需要调整零件序号的顺序和位置，操作步骤如下：

（1）调整零件序号的位置。将光标置于要调整的零件序号上，则该序号变为紫色，表明选中该序号，按下鼠标左键并拖动鼠标可移动零件序号的位置。

（2）调整指引线端点样式和位置。国家标准规定指引线应标到零件可见轮廓内，并在端点画一实心圆点，软件默认的指引线只标到零件表面，需要调整。双击零件序号，弹出如图7-191所示的"标识符号"对话框，同时零件序号变为如图7-192所示，系统提示选择对

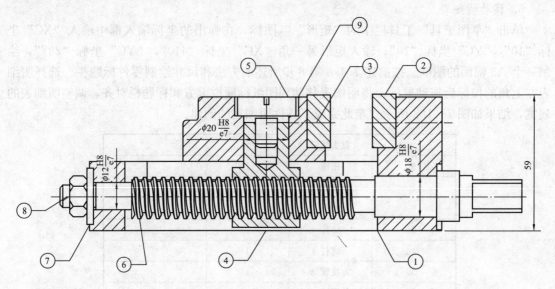

图 7-190　自动标注零件序号

象以创建指引线，在该零件轮廓内适当位置单击，则指引线端点相应移动，如图 7-193 所示。在对话框中"类型"选项下方"箭头"右侧的下拉选项中选择"填充圆点"，单击对话框中的"关闭"按钮关闭对话框。按同样的方法处理其余零件序号指引线，并将零件序号按逆时针方向顺序排列。调整好的零件序号如图 7-194 所示。

至此完成了虎钳的装配图设计，结果如图 7-195 所示。

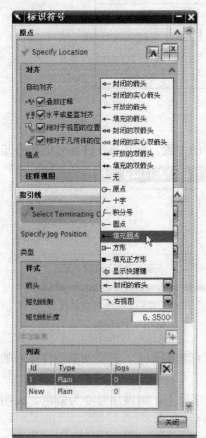

图 7-191　"标识符号"对话框

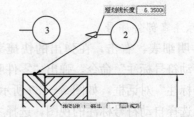

图 7-192　移动前的零件序号指引线

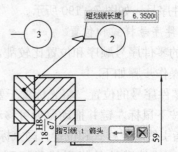

图 7-193　移动后的零件序号指引线

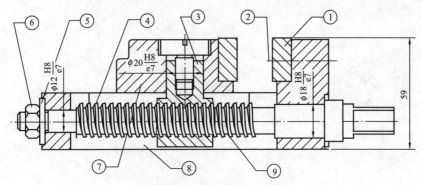

图 7 - 194　调整好的零件序号

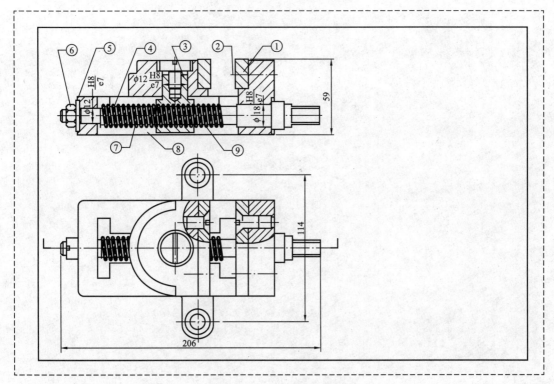

图 7 - 195　虎钳装配图